JN203512

DO-178C
実践ガイドブック

国産の民間航空機搭載用
ソフトウェア開発への道

三恵社

はじめに

2015年11月11日に日本で初めてとなるジェット旅客機であるMRJが初飛行に成功し、日本国内では航空機産業がこれからの日本の産業を支えるひとつの柱となることが期待されております。

しかしながら、一般的には知られていないことですが、日本の航空機産業において民間航空機に搭載される装備品でソフトウェアを含めての開発事例はほとんどありません。現にMRJには数多くのコンピュータシステムが内在されており、その上で数多くのソフトウェアが動作していますが、日本製のソフトウェアは1行も搭載されておりません。

これからの民間航空機搭載の装備品は高機能化、多機能化が求められており、その要求を実現するためにはソフトウェアによる制御が欠かせないものとなっています。しかしながら、日本国内には数多くの民間航空機搭載の装備品を開発する装備品メーカがありますが、実際に装備品に搭載するソフトウェアを自ら開発した事例はほとんどなく、ソフトウェア搭載装備品を開発することがここ数年の装備品メーカの共通の課題でした。

ソフトウェア搭載を阻んでいた大きな原因はソフトウェアの認証にあります。民間航空機はその性質上、高い安全性と信頼性が求められます。従って民間航空機を構成する機器は当局、すなわち米国であれば FAA(連邦航空局)、欧州であれば EASA(欧州航空安全局)からの認証を得る必要があります。ソフトウェアの場合はRTCA(航空無線技術委員会)が制定しているDO-178Cという規格に準拠してソフトウェアを開発する必要があります。また、米国の場合、その活動はFAAがその作業を委嘱したDERというオーソリティによって厳密にチェックされます。

日本国内ではまだこのDO-178Cが浸透しておらずDO-178Cに準拠してソフトウェアを開発するためにはどの様なプロセスを踏めばよいのかが確立しておりません。

私たちMHIエアロスペースシステムズ株式会社は2010年にこの状況を問題と捉えて名古屋大学大学院情報科学研究科附属 組込みシステム研究センターの高田研究室とDO-178Cに関する共同研究を推進してまいりました。その活動の中でDO-178Cとその関連規格を調査し、米国より招聘したDERと議論を重ね、関連技術を蓄積してまいりました。

そして2015年度に中部経済産業局様、一般社団法人 中部航空宇宙産業技術センター様が主催するDO-178C研究会が開催されました。この研究会では、同じ課題を抱える日本国内の民間航空機装備品メーカ9社の若手エンジニアが一堂に会し、計3回(5日間)に渡り米国から招聘したDERを交えて密度の濃い議論を繰り広げました。

本書は、以上の様々な活動の集大成として、DO-178Cに準拠したソフトウェア開発プロセスはいかにあるべきかについて解説するものです。

さて、我々民間航空機の搭載ソフトウェアを開発する者にとって当たり前のことになっていることですが、全てのドキュメントは英語で記述する必要があります。なぜならソフトウェア認証をするのは米国においてはFAAにその役割を委嘱された米国人のDERであり、欧州においてはEASAから委嘱されたエンジニアであるからです。

当然のことながらドキュメントを英語で記述するだけでなく認証に必要な説明もすべて英語で行う必要があります。従って中途半端にDO-178Cに記載された内容を日本語に置き換えるよりは英語を使った方が都合良いことが多々あります。そのため本書は英語と日本語が入り混じった記述内容になっております。慣れない方には読みにくい書籍となっているかもしれないことを前もってお詫び致します。

いずれにしても日本国内において DO-178C を解説する書籍はたぶんこれが初めてだと思います。まだまだ経験も浅くブラッシュアップすべき点も多くあるとは思いますが、本書がこれから民間航空機のソフトウェア開発を目指すエンジニア、および安全性、信頼性の高いソフトウェア開発を目指す他の業界のエンジニアにとって有効に利用されることを願っております。

2016年4月

執筆者を代表して
MHIエアロスペースシステムズ株式会社
システム開発部　部長　各務博之

本書の構成

DO-178C は、民間航空機のシステム及び装置で使用されるソフトウェアの認証について考慮すべき事項がまとめられたドキュメントであり、ソフトウェア認証取得のガイドラインとして用いられている。しかし、DO-178C では具体的な活動手法が記述されていない。さらに、国内ではソフトウェア認証取得の経験が少なく、DO-178C に準拠したプロセスが確立していない状況にある。

そこで、本書では、DO-178C についてより深く理解し、ソフトウェアの認証活動に役立てられるよう具体的な事例を織り交ぜながら解説を行う。ただし、DO-178C の趣旨そのままの部分と、その他の情報を区別するため、本書には下記の項目を枠に囲んで記載している。

開発事例：

具体的なイメージを捉えるため開発事例を紹介している。なお、紹介する事例はあくまで一例であり、DO-178C の認証を取得する手段として、その他にもさまざまな手段があることに注意されたい。

推奨事項：

DO-178C の認証を首尾よく進めるにあたり推奨される手法や活動を紹介している。

DER の意見：

米国の DER とディスカッションを行った際に得た DER からの助言及び意見を紹介している。

TIPS：

その他、ソフトウェア認証の活動に役立つような情報を紹介している。

本書は、ソフトウェア認証活動の流れに沿った以下の構成となっている。

1. DO-178C 概要
   DO-178C の概要や関連文書等について解説する。
2. Software Planning Phase
   ソフトウェア認証活動の計画を作成するフェーズでの活動について解説する。
3. Software Development Process の成果物の全体像
   software development process の成果物の全体像について解説する。

4. Software Requirements Phase

 ソフトウェアの要求を作成するフェーズでの活動について解説する。

5. Software Design Phase

 ソフトウェアの設計を行うフェーズでの活動について解説する。

6. Software Coding Phase

 ソフトウェアのコーディングを行うフェーズでの活動について解説する。

7. Integration Phase

 コーディング、ビルド、ロードを行うフェーズでの活動について解説する。

8. Software Testing の全体像

 software testing の全体像について解説する。

9. Test Generation Phase

 ソフトウェアのテストケース、プロシージャを作成するフェーズでの活動について解説する。

10. Test Execution Phase

 ソフトウェアのテストを実施するフェーズでの活動について解説する。

11. Test Coverage Analysis Phase

 ソフトウェアテストの完全性を計測するフェーズでの活動について解説する。

12. Final Certification Phase

 ソフトウェア認証の最終段階で実施する活動について解説する。

Appendix.　略語集

 本書で利用されている略語の略語集が記載されている。

目次

はじめに...i
本書の構成...iii
1 DO-178C 概要...1
1.1 DO-178C の位置付け...1
1.2 DO-178C ドキュメントオーバービュー...2
1.2.1 Software Life Cycle Process...2
1.2.2 DO-178C ドキュメント構成...8
1.2.3 Software Life Cycle Data...10
1.3 Software Level と Objectives...14
1.4 関連文書...19
1.4.1 Tool Qualification の必要性の判断について...22
1.5 SOI (Stage of Involvement) Review...24
2 Software Planning Phase...27
2.1 Software Planning Process...27
2.1.1 Software Planning Process の成果物...27
2.1.2 Software Planning Process の Objectives...60
2.2 Software Planning Phase における Verification...61
2.3 Software Planning Phase における SCM...63
2.4 Software Planning Phase における SQA...65
2.5 Software Planning Phase における Certification Liaison...67
2.5.1 SOI #1 (Planning Review)...68
3 Software Development Process の成果物の全体像...69
4 Software Requirements Phase...72
4.1 Software Requirements Process...72
4.1.1 Software Requirements Process の成果物...76
4.1.2 Software Requirements Process の Objectives...87
4.2 Software Requirements Phase における Verification...89
4.3 Software Requirements Phase における SCM...92
4.4 Software Requirements Phase における SQA...93
4.5 Software Requirements Phase における Certification Liaison...93
5 Software Design Phase...94
5.1 Software Design Process...94
5.1.1 Software Design Process の成果物...95
5.1.2 Software Design Process の Objectives...112
5.2 Software Design Phase における Verification...113

5.3 Software Design Phase における SCM 116
5.4 Software Design Phase における SQA 117
5.5 Software Design Phase における Certification Liaison 117
6 Software Coding Phase 118
6.1 Software Coding Process 118
6.1.1 Software Coding Process の成果物 118
6.1.2 Software Coding Process の Objectives 122
6.2 Software Coding Phase における Verification 123
6.3 Software Coding Phase における SCM 125
6.4 Software Coding Phase における SQA 126
6.5 Software Coding Phase における Certification Liaison 126
6.5.1 SOI #2 (Software Development Review) 126
7 Integration Phase 128
7.1 Integration Process 128
7.1.1 Integration Process の成果物 128
7.1.2 Integration Process の Objectives 132
7.2 Integration Phase における Verification 133
7.3 Integration Phase における SCM 134
7.4 Integration Phase における SQA 135
7.5 Integration Phase における Certification Liaison 135
8 Software Testing の全体像 136
8.1 Requirements-based testing の概要 136
8.2 Test Coverage Analysis の概要 137
8.2.1 Software Requirements-based Test Coverage Analysis 137
8.2.2 Structural Coverage Analysis 138
8.3 Software Testing の流れ 140
9 Test Generation Phase 143
9.1 Test Generation 143
9.1.1 Test Cases の作成 143
9.1.2 Test Procedures の作成 150
9.2 Test Generation Phase における Verification 154
9.3 Test Generation Phase における SCM 156
9.4 Test Generation Phase における SQA 157
9.5 Test Generation Phase における Certification Liaison 157
10 Test Execution Phase 158
10.1 Tests 実施 158

10.1.1 Test Generation Phase 及び Test Execution Phase の Objectives....... 160
10.2 Test Execution Phase における Verification 162
10.2.1 Test results の Verification 162
11 Test Coverage Analysis Phase 163
11.1 Software Requirements-based Test Coverage Analysis........................ 163
11.2 Structural Coverage Analysis 164
11.2.1 Structural Coverage Analysis (モジュール内) 167
11.2.2 Structural Coverage Analysis (モジュール間) 181
11.2.3 Additional Code Verification.. 184
11.3 Test Execution Phase 及び Test Coverage Analysis Phase における SCM... 187
11.4 Test Execution Phase 及び Test Coverage Analysis Phase における SQA 187
11.5 Test Execution Phase 及び Test Coverage Analysis Phase における Certification Liaison.. 187
11.6 SOI #3 (Software Verification Review) 188
12 Final Certification Phase 189
12.1 Final Certification Phase における Verification 189
12.2 Final Certification Phase における SCM... 189
12.3 Final Certification Phase における SQA... 190
12.3.1 Software Conformity Review の実施... 190
12.3.2 SOI #4 (Final Certification Software Review)............................... 191
12.4 Final Certification Phase における Certification Liaison 192
12.4.1 SAS (Software Accomplishment Summary)................................ 192
Appendix 略語集 194
あとがき.. 196
謝辞... 198

1 DO-178C 概要

DO-178C とは、そのタイトルが『software considerations in airborne systems and equipment certification』であり、航空機のシステム及び装置で使用されるソフトウェアの認証についてのガイドラインである。C 改訂版として RTCA (radio technical commission for aeronautics: 航空無線技術委員会) より 2011 年に出版された。

DO-178C は、FAA (federal aviation administration: 米国連邦航空局) より 2013 年に発行された AC (advisory circular) 20-115C 『airborne software assurance』により航空機搭載ソフトウェアに関連する法令への準拠の手段として認められ、現在では最新のソフトウェア認証のガイドラインとして利用されている。

1.1 DO-178C の位置付け

ソフトウェアは、航空機に搭載するシステムの一部である。それ故、あるシステムを開発する場合、まずはシステム開発のプロセスを実施し、その結果を受けて、DO-178C のソフトウェア開発プロセス (DO-178C では、"software life cycle process"と呼ぶ) を実施する流れとなる。システムに関連する上位 process は、以下の 2 つの文書により規定されている。

- **ARP 4754A 『guidelines for development of civil aircraft and systems』**
  航空機搭載システムの開発プロセス (system development process) を定義している文書である。SAE (society of automotive engineers) より発行されており、2010 年に A 改訂となった。FAA は、2011 年に AC 20-174 『development of civil aircraft systems』を発行し、航空機搭載システムを開発するための手法として ARP 4754A の process を利用することを正式に認めた。

- **ARP 4761 『guidelines and methods for conducting the safety assessment process on civil airborne systems and equipment』**
  安全評価手法のガイドラインであり、安全という観点から ARP 4754A を補完する位置づけにある。本書も SAE から発行されている。ARP 4761 に定義されている system safety assessment process は、ARP 4754A の system development process と併行して実施される。

図 1-1 に、DO-178C と上位文書の関係を示す。システムの開発プロセスは ARP 4754A に従い、安全面に関しては ARP 4761 で補完し、航空機機能 (aircraft function) のブレークダウンを繰り返し、最終的にハードウェア及びソフトウェアに対する requirements を導き出す。ソフトウェアに関しては、DO-178C に基づく software life cycle process を実施

する。ハードウェアに関しては、DO-254 に基づく hardware design life cycle process を実施する。

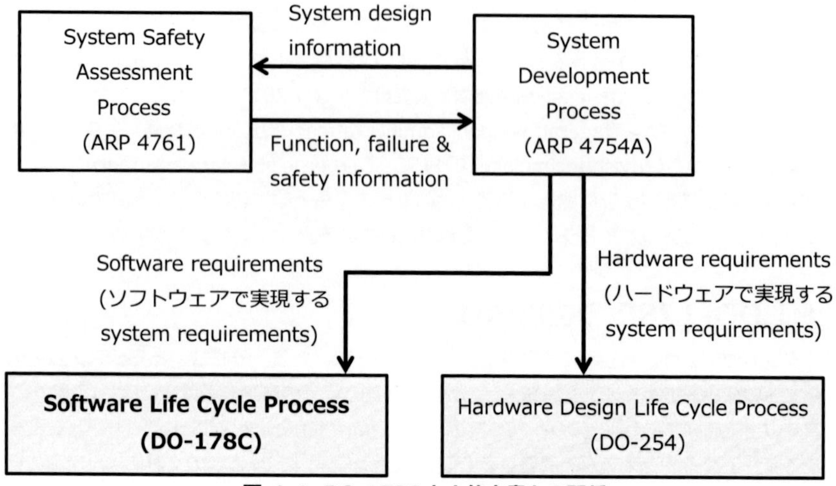

図 1-1: DO-178C と上位文書との関係

1.2 DO-178C ドキュメントオーバービュー

DO-178C に規定されている software life cycle process、DO-178C の文書構成、DO-178C にて作成を要求されている software life cycle data について説明する。

1.2.1 Software Life Cycle Process

図 1-2 に、DO-178C が規定している software life cycle process の関係を示す。software life cycle process は大きく以下の 3 つの process から構成されており、これら process が相互に作用している。

- software planning process
- software development process
- integral process

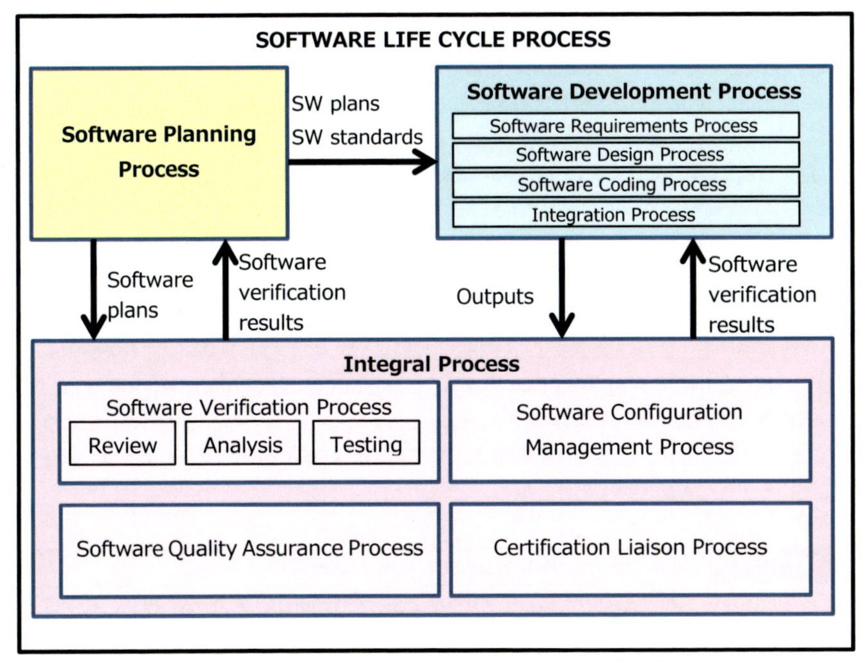

図 1-2: Software Life Cycle Process の関係図

1.2.1.1 Software Planning Process

software planning process は、software life cycle の活動を定義する process である。その成果物として、5 つの software plans、3 つの software development standards が作成される：

- **software plans**
  - PSAC (plan for software aspects of certification)
  - SDP (software development plan)
  - SVP (software verification plan)
  - SCMP (software configuration management plan)
  - SQAP (software quality assurance plan)

- **software development standards**
  - SRStd (software requirements standards)
  - SDStd (software design standards)
  - SCStd (software code standards)

software plans は、各 software life process の活動を定義するものであり、software life cycle process を実施する人のために記載されるものである。例えば、SDP は、software development process の活動を定義するものであり、software development process を実施する人のために記載されるものである。ただし、5 つの software plans のうち、PSAC だけは、認証機関に向けて記載する plan である。この plan は、「認証の申請者が適切にプロジェクトを提案しているか」を認証機関が判断するため利用される計画書であり、システムの概要、提案するソフトウェアの概要、その他の plan の要約等を記載する。

TIPS 認証機関と認証申請者の関係

米国において、認証申請者が DO-178C に準拠してソフトウェア開発プロセスが実施していることを認証する機関は FAA である。しかし、実際の認証作業における監査は、FAA に委任された代理人である DER (designated engineering representative) により行われることが多い。従って、基本的に、認証申請者は DER とコンタクトを取り、認証に関わる工程を進めていくこととなる。

推奨事項 plans に who、when、what、how を記載する

各 plan には、誰 (どのチーム) が (who) ・いつ (when) ・何を (what) 、どのように (how) 実行するかを記載する。

なお、活動内容の詳細手順 (詳細な how) は、別途他の手順書として作成した方がよいとされている。実際に plan を実行する時に、その時の状況にあった最適な解決方法を記した手順書を作成・選択することで、プロジェクトの柔軟性が向上するからである。例えば、structural coverage analysis の詳細手順は、SVP (software verification plan) ではなく、SVCP (software verification cases and procedures) 等の別途他の手順書として作成する(SVCP についての詳細は後述する)。

software development standards は、software development process を実施する人のために記載されるものであり、実施する人が品質のよい成果物を作成することを支援するための活動・成果物に対するガイドラインを記載する。例えば、コーディング規約に相当する SCStd は、コーダーのため、source code 作成時のガイドラインを記載する。

推奨事項	実施するチームが従うことのできる plans・standards を作成する
PSAC を除き、software plans と software development standards は、各 process を実施する人のために記載される。そのため、その process を実施する人が理解でき、従うことができるものでなければならない。 また、software plans と software development standards が完成したら、その process を実施する人に展開し（必要であればトレーニングを実施し）、理解してもらうことが重要である。	

planning 以降の process は、software plans に基づき実施し、software development standards のガイドラインに沿った成果物を作成することとなる。

1.2.1.2 Software Development Process

software development process は、航空機に搭載するソフトウェア製品（及び関連するデータ）を作成する process である。本 process は、以下に示す 4 つのサブ process から構成される：

(1) software requirements process
(2) software design process
(3) software coding process
(4) integration process

(1) software requirements process

system requirements を分析し、ソフトウェアの上位要求である HLRs (high-level requirements) を定義する process である。これらの情報は、SRD (software requirements data) として文書化される。また、system requirements と HLRs の双方向のトレースを示す trace data も作成しなければならない。

注 DO-178C は、双方向のトレースを示す trace data を作成することを求めている。つまり、ダウントレース及びアップトレースである。ダウントレースは、全ての system requirements が HLRs に落とし込まれていることを保証するものである。一方、アップトレースは、全ての HLRs が system requirement から作成されていることを保証するものである。

(2) software design process

HLRs に基づいてソフトウェアの構造設計を行い software architecture を設計し、さらに詳細設計を行いソフトウェアの下位要求である LLRs (low-level requirements) を定義する process である。これらの設計結果は、design description として文書化される。software architecture は、HLRs を実現するためのソフトウェア構造である。一方、LLRs は、software architecture により定められたソフトウェア構造の枠組みにおいて、「どのように HLRs を実現するか」をコーダーに示す実装手順である。また、HLRs と LLRs の双方向トレースを示す trace data も作成しなければならない。

(3) software coding process

design description から、source code を作成する process である。また、LLRs と source code の双方向トレースを示す trace data も作成しなければならない。

(4) integration process

ターゲットコンピュータが直接利用できるコードである EOC (executable object code) 及び PDI (parameter data item) file を作成し、それらをターゲットコンピュータにロードする process である。

上記 process は、SDP に基づき実施される。また、各成果物は software development standards に準拠し作成されなければならない。

1.2.1.3 Integral Process

integral process はプロジェクトの開始から終了（一部は、ソフトウェアが搭載されている装備品がリタイアするまで）まで実施される process である。本 process は、以下に示す 4 つのサブ process から構成されている：

(1) software verification process
(2) SCM (software configuration management) process
(3) SQA (software quality assurance) process
(4) certification liaison process

(1) software verification process

software verification process は、software planning process、software development process、software verification process (主に testing) の成果物を評価する process である。review、analysis、testing 及びそれらの組み合わせで実施する。

review 及び analysis は、software life cycle process の成果物の正確性 (accuracy) 、完全性 (completeness) 、検証可能性 (verifiability) 等を評価するものとされている。

testing は、requirements-based testing が要求されている。そのため、基本的に、software requirements (HLRs 及び LLRs) を唯一の入力として test cases を作成し、test procedures を作成し、test を実施する必要がある。

本 process は、SVP に基づき実施される。

TIPS	review と analysis の違い

review は定性的な評価であり、チェックリスト等を使用したインスペクションである。チェックリストは、review において review の実施者が重要な評価基準を見落とさないよう作成されるものであり、一般的に、SVP もしくは software verification standards (詳細は後述) に文書化する。

analysis は機能性、性能、トレーサビリティ等の詳細な確認である。詳細な analysis の手順を作成し実施するものであり、一般的に SVCP に文書化する。なお、DO-178C の analysis は「repeatable (繰り返し可能) でなければならない」とされている。つまり、誰が何度やっても常に同じ結果が得られるような手順にしなければならない。

(2) SCM (software configuration management) process

SCM process は、プロジェクトにおいて形態管理すべき成果物を識別し、適切な単位でまとめ、それらの形態を適切にコントロールする process である。

本 process は、SCMP に基づき実施される。

(3) SQA (software quality assurance) process

SQA process は、plans と standards に則ってプロジェクトが実施されていることを保証する process である。なお、SQA の活動は独立した SQA の組織により実施されることが求められている。これは、プロジェクトの予算やスケジュールのプレッシャーに屈することなく、真摯に SQA の責任を果たすことが要求されているからである。

本 process は、SQAP に基づき実施される。

注　DO-178C の SQA は、process-oriented (plans と standards に則ってプロジェクトが実施されていることを保証) であり、成果物の正確性 (correctness) を保証するものではない。しかし、プロジェクトによっては、process-oriented のコンセプトに加え、成果物の正確性 (correctness) を保証するための SQA 活動を設けることもある。

(4) certification liaison process

certification liaison process は、ソフトウェア認証の申請者と認証機関の間のコミュニケーションや調整を行うための process である。DO-178C では以下に示す最低限 3 つの software life cycle data を認証機関へ提出し、承認を得なければならない。

- PSAC (plan for software aspects of certification)
- SCI (software configuration index)
- SAS (software accomplishment summary)

また、DO-178C への準拠を実証するための認証機関による review (SOI review) も、本 process の一部である (詳細は、本書の 1.5 章を参照) 。

ただし、本 process は他の process とは異なり、対応する plan の作成は要求されていない。

1.2.2 DO-178C ドキュメント構成

DO-178C は、12 の section、2 つの annex から構成されている。表 1-1 に、DO-178C の各 section の概要を示す。

表 1-1: DO-178C の各 Section の概要

section	section title	概要
1.0	INTRODUCTION	導入
2.0	SYSTEM ASPECTS RELATING TO SOFTWARE DEVELOPMENT	system process の中でもソフトウェア開発に関連のある部分について説明している。例えば、system requirements のソフトウェアへの割り当てについて、また、system process と software life cycle process 間の情報の流れ等についてである。
3.0	SOFTWARE LIFE CYCLE	software life cycle process を定義している。
4.0	SOFTWARE PLANNING PROCESS	software planning process の objective (達成すべき目標のこと) 及び objective を達成するための活動を説明している。
5.0	SOFTWARE DEVELOPMENT PROCESS	software development process の objective 及び objective を達成するための活動を説明している。
6.0	SOFTWARE VERIFICATION PROCESS	software verification process の objective 及び objective を達成するための活動を説明している。

section	section title	概要
7.0	SOFTWARE CONFIGURATION MANAGEMENT PROCESS	SCM process の objective 及び objective を達成するための活動を説明している。
8.0	SOFTWARE QUALITY ASSURANCE PROCESS	SQA process の objective 及び objective を達成するための活動を説明している。
9.0	CERTIFICATION LIAISON PROCESS	certification liaison process の objective 及び objective を達成するための活動を説明している。
10.0	OVERVIEW OF CERTIFICATION PROCESS	ソフトウェア認証の process の概要を示している。
11.0	SOFTWARE LIFE CYCLE DATA	software life cycle process にて生成する software life cycle data について、その期待される内容について説明している。本書の表 1-2 にその一覧を示している。
12.0	ADDITIONAL CONSIDERATIONS	認証において問題となることが想定されるため、認証機関と調整すべき″考慮事項″(例えば、tool qualification 等) のガイドラインを提供している。
ANNEX A	PROCESS OBJECTIVES AND OUTPUTS BY SOFTWARE LEVEL	各 process の objective について要約・整理した table を記載している。
ANNEX B	ACRONYMS AND GLOSSARY OF TERMS	ACRONYMS (略語集) 及び GLOSSARY OF TERMS (用語集) が記載されている。

1.2.3 Software Life Cycle Data

表 1-2 に、DO-178C section 11 に記載されている software life cycle data の一覧を示す。software life cycle data とは、software life cycle process の成果物のことである。

表 1-2: DO-178C における Software Life Cycle Data 一覧

section	software life cycle data	どの process の成果物か	概要
11.1	PSAC (plan for software aspects of certification)	software planning process & certification liaison process	PSAC は、認証申請者と認証機関のコミュニケーションに利用される計画書であり、対象となる読者は認証機関である。認証機関は、本計画書を読むことによって、申請者がソフトウェアレベルに適した厳格さでプロジェクトを計画しているかを判断する。
11.2	SDP (software development plan)	software planning process	software development process の計画書である。対象となる読者は、software development process の実施者である。
11.3	SVP (software verification plan)	software planning process	software verification process の計画書である。対象となる読者は、software verification process の実施者である。
11.4	SCMP (software configuration management plan)	software planning process	SCM process の計画書である。対象となる読者は、SCM process の実施者である。
11.5	SQAP (software quality assurance plan)	software planning process	SQA process の計画書である。対象となる読者は、SQA process の実施者である。
11.6	SRStd (software requirements standards)	software planning process	software requirements process におけるガイドラインを記載するものである。
11.7	SDStd (software design standards)	software planning process	software design process におけるガイドラインを記載するものである。

section	software life cycle data	どの process の成果物か	概要
11.8	SCStd (software code standards)	software planning process	software coding process におけるガイドラインを記載するものである。
11.9	software requirements data	software development process	HLRs を定義する要求書である。
11.10	design description	software development process	software design (software architecture 及び LLRs) を定義する設計書である。
11.11	source code	software development process	プログラミング言語 (C 言語やアセンブリ言語等) で記述されたコードである。
11.12	EOC (executable object code)	software development process	ターゲットコンピュータのプロセッサが直接使用可能なコードの形式である。具体的には、ターゲットコンピュータへロード可能なコンパイル・アセンブル・リンクされたバイナリイメージである。
11.13	SVCP (software verification cases and procedures)	software verification process	software verification process の手順書である。review 及び analysis の手順、test cases、test procedures を記述する。
11.14	SVRs (software verification results)	software verification process	software verification process の成果物となる verification 結果である。各 process の成果物の review 及び analysis 結果や tests 結果等である。
11.15	SECI (software life cycle environment configuration index)	SCM process	software environment (software life cycle process を実施するための開発環境、インストールする tool の情報等) を記述する。作成目的は、software の再 verification のための環境の再構築にある。

section	software life cycle data	どの process の成果物か	概要
11.16	SCI (software configuration index)	SCM process & certification liaison process	プロジェクトを通して"何を作成したか"を示す文書である。そのため、software life cycle data を識別するとともに、EOC を生成するためのビルド手順 (build instructions)やロード手順 (load instructions) を記載する。
11.17	PRs (problem reports)	SCM process	発生した問題の特定から、解決までを記載した記録である。
11.18	SCM records (software configuration management records)	SCM process	SCM 活動の記録である。例えば、baseline や software library の記録、変更履歴の記録、archive 記録、release 記録等である。
11.19	SQA records (software quality assurance records)	SQA process	SQA 活動の結果である。この記録は、プロジェクトを通して SQA の活動を行ったという証拠となる。例えば、SQA の活動において、何を/いつ/誰が/どのような評価基準で評価を行ったか等を記録する。
11.20	SAS (software accomplishment summary)	certification liaison process	PSAC の対となる文書である。PSAC は、プロジェクトの初期に作成され、"何をするか"を認証機関に説明するための文書である。一方、SAS はプロジェクトの最後に完成され、"実際に何をしたか"を認証機関に説明するための文書である。それ故、SAS は PSAC とほぼ同じ内容を含むが、SAS は過去形で記載される (なお、PSAC との相違点があった場合、deviation として記載する必要がある) 。その他、解決されなかった PRs (problem reports) のリストや、ソフトウェアの特徴を示すような主要な analysis 結果、ソフトウェアが DO-178C に準拠しているという宣言等も記載される。

section	software life cycle data	どの process の成果物か	概要
11.21	trace data	software development process & software verification process	software life cycle data のコンテンツ間の関係を示すものである。DO-178C では、下記の trace data が作成されることを要求している。 (1) ソフトウェアで実現すべき system requirements ⇔ HLRs (2) HLRs ⇔ LLRs (3) LLRs ⇔ source code (4) software requirements (HLRs & LLRs) ⇔ test cases (5) test cases ⇔ test procedures (6) test procedures ⇔ test results
11.22	PDI file (parameter data item file)	software development process	ターゲットコンピュータが直接利用できるデータの形式で、EOC を変更することなく、ソフトウェアの振る舞いに影響を与えるものである。例えば、ソフトウェアコンポーネントに初期値を与えるデータや EOC の実行パスに影響を与えるデータである。

なお、上記の中でも PSAC、SCI、SAS は、最低限、認証機関に提出しなければならないデータとなっている。

また、表 1-2 に記載されている software life cycle data は、あくまで"データ"として作成を要求されている。つまり、これらを必ず文書形式として作成する必要はなく、コンピュータ上のデータとして蓄えられてもよい。一般的に、software plans、software development standards、SRD、design description、SAS 等は文書化されるが、他の software life cycle data はデータとして作成されることが多い。また、場合によってはこれらのデータをまとめたデータを作成してもよい (例えば、SECI と SCI をまとめ、1 つのデータとする等) 。

TIPS	その他の software life cycle data

DO-178C で作成が要求されているデータの他に、以下のデータを作成するプロジェクトもある：

- **software verification standards**

  SVP は"計画書"であり、software verification process の計画（例えば、活動、成果物等）を記載する。一方、software verification standards は、software verification process にて一貫性のあるスタイル・品質の成果物が作成されるよう、verification 手法や成果物のスタイル等を定義するものであり、例えば、以下を記述する。

  - ➢ verification の実施方針

    review（チェックリスト含む）、analysis、testing をどのように実行するかという方針。

  - ➢ verification 成果物のスタイル

    例えば、analysis の手順のレイアウト、test cases のレイアウト、test procedures のレイアウト等

- **test plan**

  test plan は、特に testing についての詳細（例えば、テストのスケジュール、テストの実施方針、テスト装置等）を述べる計画書である。一般的に、詳細な test plan は、testing を始める前に作成される。

1.3 Software Level と Objectives

表 1-3 に示すように、DO-178C では、開発するソフトウェアの異常時の影響度に応じて software level A から software level E までの software level を設定している。異常時の影響度とは、そのソフトウェアに異常が発生した場合、被害がどの程度に及ぶかということである。その異常により壊滅的な（catastrophic）事態に陥るようなソフトウェアは software level を A とし、特に飛行に影響がないものは software level が E となる。

これらの software level は上位のプロセスから継承される。上位のプロセスである安全性評価プロセスでは ARP 4761 に定義されている FHA (functional hazard assessment) を実施することにより、機器としての DAL (development assurance level) が設定される。DAL はこのソフトウェアレベルと同様に壊滅的（catastrophic）から影響なし（no effect）までの A から E で定義されている。基本的には、対象となるソフトウェアが搭載されている機器の DAL をそのまま software level として引き継ぐことになる。

注　適切に partitioning されたソフトウェアコンポーネントには、個別のソフトウェアレベルを割り当ててもよい。partitioning とは、コンポーネントの保護 (あるコンポーネントが他のコンポーネントの動作に影響を与えない等) のため、ソフトウェアコンポーネントを分離する手法である。

表 1-3: Software Level

異常時の影響度のカテゴリ	内容	Software Level
壊滅的 (catastrophic)	安全な飛行の続行と着陸が不可能となる故障状態	A
危険/非常に重大 (hazardous/ severe-major)	航空機の能力又は悪状況により乗務員の対応能力が任務遂行不可まで低下し、生命にかかわる負傷者が出るような故障状態	B
重大 (major)	航空機の能力又は悪状況により乗務員の対応能力が任務遂行の妨げになるほど低下し、乗員乗客が不快症状となるような故障状態	C
軽微 (minor)	航空機の安全が著しく低下することはなく、乗員は対応能力範囲内で任務を遂行できるような故障状態	D
影響なし (no effect)	航空機の操縦能力や乗員負荷に影響しない故障状態	E

また、DO-178C は、"objective" (目標) ベースの規格である。DO-178C には、ソフトウェア認証の申請者が達成すべき objective のみが指定されており、その objective を達成する具体的な方法は申請者に任されている。この達成すべき objective の数は、前述の software level によって増減する。software level が高いほど達成すべき objective の数が増え、反対に、software level が低いほど達成すべき objective の数が減る。DO-178C Annex A に Table A-1 から Table A-10 までの表があり、各 software life cycle process で達成すべき objective が要約されている。表 1-4 に、各 software life cycle process の objective の数を示す。なお、表中の括弧付きの数字は、独立性 (independence) をもって達成されなければならない objective の数を示している (独立性については後述する) 。

表 1-4: Software Level と Objective の数の関係

DO-178C Annex A Table	Table Title	Software Level 毎の Objectives の数				
		A	**B**	**C**	**D**	**E**
Table A-1	software planning process	7	7	7	2	0
Table A-2	software development process	7	7	7	4	0
Table A-3	verification of outputs of software requirements process	7 (3)	7 (3)	6	3	0
Table A-4	verification of outputs of software design process	13 (6)	13 (3)	9	1	0
Table A-5	verification of outputs of software coding & integration process	9 (5)	9 (3)	8	1	0
Table A-6	testing of outputs of integration process	5 (2)	5 (1)	5	3	0
Table A-7	verification of verification process results	9 (9)	7 (3)	6	1	0
Table A-8	software configuration management process	6	6	6	6	0
Table A-9	software quality assurance process	5 (5)	5 (5)	5 (5)	2 (2)	0
Table A-10	certification liaison process	3	3	3	3	0
	Total:	71 (30)	69 (18)	62 (5)	26 (2)	0

注　software level E の場合、達成すべき objective は 0 個である。これは、認証のために何もしなくてもよいと言うことを示している。

ここで説明のため、表 1-5 に DO-178C Annex A Table A-3 (software requirements process の verification に関する objective) を示す。

表 1-5: DO-178C Annex A Table A-3 "Verification of Software requirements Process"

	Objective		Activity	Applicability by Software Level				Output		Control Category by Software Level			
	Description	**Ref**	**Ref**	**A**	**B**	**C**	**D**	**Data Item**	**Ref**	**A**	**B**	**C**	**D**
1	HLRs comply with system requirements.	6.3.1.a	6.3.1	●	●	○	○	SVRs	11.14	②	②	②	②
2	HLRs are accurate and consistent.	6.3.1.b	6.3.1	●	●	○	○	SVRs	11.14	②	②	②	②
3	HLRs are compatible with target computer.	6.3.1.c	6.3.1	○	○			SVRs	11.14	②	②		
4	HLRs are verifiable.	6.3.1.d	6.3.1	○	○	○		SVRs	11.14	②	②	②	
5	HLRs conform to standards.	6.3.1.e	6.3.1	○	○	○		SVRs	11.14	②	②	②	
6	HLRs are traceable to system requirements.	6.3.1.f	6.3.1	○	○	○	○	SVRs	11.14	②	②	②	②
7	Algorithms are accurate.	6.3.1.g	6.3.1	●	●	○		SVRs	11.14	②	②	②	

以下に、本表の読み方を説明する。

[Objective]

description 列には、達成すべき objective の要約が記載されている。これはあくまで要約であり、その objective の詳細は、Ref 列により本文を参照している。

[Activity]

objective を達成するための活動が記載されている本文への参照が記載されている。

[Applicability by Software Level]

objective が適用される software level を識別している。"●"又は"○"で識別される software level では、その objective が達成されなければならない。例えば、software level C では、objective 1、2、4、5、6、7 を達成しなければならない。

"●"は、その objective が独立性 (independence) をもって達成されなければならないことを示している。DO-178C において、独立性は、software verification process 及び SQA process の objective 達成に要求される。software verification process の場合、verification 対象のデータの作成者以外の人による verification、もしくは、tool による verification を行うことによって、独立性が達成できる。また、SQA process は、独立した SQA の組織によって実施されることが要求されている。

[Output]

Data Item 列には objective の達成を証明するためのエビデンスとして生成されるべき software life cycle data が識別されている。さらに、Ref 列にその software life cycle data の説明を記載している DO-178C section 11 への参照が記載されている。

[Control Category by Software Level]

DO-178C の configuration management では、software life cycle data の管理の厳格さのレベルを control category によって規定している。2 つの control category が定められており、control category 1 (CC1) と control category 2 (CC2) と呼ばれる。DO-178C Annex A の Table において、①はその data が control category 1 (CC1) で管理されること、②はその data が control category 2 (CC2) で管理されることを要求している。

- **control category 1 (CC1) :**

  その software life cycle data が厳格に管理されることが要求される。DO-178C の主要な data (例えば、作成後に複数の process から参照されるような data) に対して適用される。表 1-6 の CC1 列の SCM の活動が適用される。

- **control category 2 (CC2)：**

  その software life cycle data には最低限の管理のみが要求される。表 1-6 の CC2 列の SCM の活動が適用される。

表 1-6: 各 Control Category に適用される SCM の活動

No	SCM Activities	CC1	CC2
1	configuration identification	✓	✓
2	baselines	✓	
3	traceability	✓	✓
4	problem reporting	✓	
5	change control - integrity and identification	✓	✓
6	change control - tracking	✓	
7	change review	✓	
8	configuration status accounting	✓	
9	retrieval	✓	✓
10	protection against unauthorized changes	✓	✓
11	media selection, refreshing, duplication	✓	
12	release	✓	
13	data retention	✓	✓

注　上記活動の詳細は、本書の 2.1.1.1.4 章を参照

1.4 関連文書

図 1-3 に、DO-178C とその関連文書の関係を示す。DO-178C は、一般的に core document と呼ばれている。DO-178C を取り囲む 3 つの文書は、技術的な補足資料 (technology supplements) である。これらは、DO-178C に基づくソフトウェア開発手法に、モデルベース開発 (DO-331)、オブジェクト指向 (DO-332)、形式手法 (DO-333) の技術 (technology) を取り入れる場合のガイドラインである。これら 3 つのガイドラインは、基本的には DO-178C と一緒に利用されることを想定しており、software life cycle process や software life cycle data の基本的な考え方、構成、objective を大きく変えるものではない。そのため、DO-178C の各 section の内容に対して、変更せずに適用する箇所に関しては変更なしであることが明記されており、追加・修正がある場合は追加・修正された文章が記載してある。表 1-7 に、これら 3 つの補足資料の概要を示す。

また、DO-330 は tool qualification のガイドラインである。tool を使用することによって process が省略、削減、自動化される場合で、tool のアウトプットを信用 (すなわち、tool のアウトプットを verification なしで使用) する場合は、tool qualification を取得す

る必要がある。tool qualification 適用に関するガイドラインは DO-178C section 12.2 に記載されており、その概要を本書 1.4.1 章に記載した。

DO-248C は DO-178C に関する FAQs 等を記載した支援文書である。

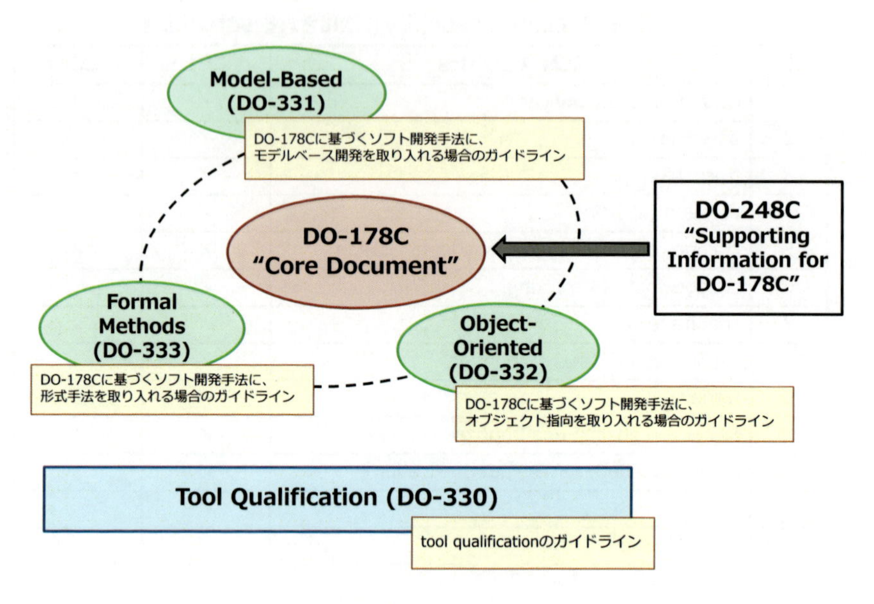

図 1-3: DO-178C の関連文書

表 1-7: 3 つの補足資料 (Technology Supplements)

補足資料	概要
DO-331 (model-based)	DO-331 における"model"は、ソフトウェアの機能・構造を示す曖昧性のない抽象表現を用いた記法を指し、特定の手法・記法 (UML 等) や特定の tool に限定したものではない。model は、例えば、HLRs のモデリング、design のモデリング、モデルからの自動コード生成、モデルによる自動テストケース生成、シミュレーション等のため利用される。 【DO-178C への主な影響】 software planning process では、DO-178C に規定されている software life cycle data のうち、どの data を model として表現するのかを識別し、その model の verification 方法も明確化する必要がある。また、software development standards の 1 つとして、新たに software model standards を規定する必要がある。 DO-331 特有の技術事項の 1 つに、設計段階で作成された model のための model coverage analysis がある。これは、software verification process の一部として実施されるものであり、model が開発される基となった requirements からテストケースを作成し、シミュレーションを実行することで、model に入り込んでしまった意図しない機能を検出することを目的としている。 その他、DO-331 には model simulation 等の技術事項についても説明されており、いくつかの objective が変更・追加されている。
DO-332 (object-oriented)	オブジェクト指向技術は、"オブジェクト"を中心とした分析、設計、モデリング、プログラミングのソフトウェア開発手法である。近年では、オブジェクト指向技術は航空機ソフトウェアの開発でも利用されるようになってきている。しかし、これまでオブジェクト指向技術を航空機搭載ソフトウェア開発に取り入れるための共通基盤となるガイドラインが存在しなかったため、DO-178 の objective の達成基準が不明瞭であり、その対応がプロジェクト毎になってしまう等の問題があった。そのような課題に対応するため、FAA や EASA (european aviation safety agency) 等から数々の技術レポートが発行された。それらをインプットとし、オブジェクト指向技術を利用してソフトウェア開発を行う場合の共通基盤となるガイダンスを提供する目的で、DO-332 が作成された。 【DO-178C への主な影響】 DO-332 の section 1 には、オブジェクト指向技術の要素技術を理解するため、新たに解説が追加されている (カプセル化、ポリモーフィズム、例外処理、仮想化技術等) 。

補足資料	概要
DO-332 (object-oriented) (続き)	software planning process に関しては、DO-178C と比べ、新たな活動が追加されている。例えば、ターゲット環境内に仮想化ソフトウェアを含める場合にその説明を plans 記載すること等である。 software development process ではオブジェクト指向特有の開発トピックが新たに追加されている（例えば、クラス階層化、メモリ管理、例外処理等のための活動である）。 その他、software verification process にもいくつかのトピックが追加されており、それ故 objective の追加もなされている。
DO-333 (formal methods)	"formal methods"とは、システム動作の数理モデルを構築、開発、論理的に推論するため利用される記述方法及び分析手法とされている。基本的に、formal method は、formal model と formal analysis からなる。formal model は、分析や、シミュレーション、コード生成等に利用されるシステムのある側面に対しての抽象表現である。formal model は、正確で明確な数理的な構文・意味を持つ formal notation により定義される。一方、formal analysis は、formal model により常に満たされる特性を保証するため数学的推論の利用である。 【DO-178C への主な影響】 software planning process においては、利用する formal methods のアプローチについて、software plans 及び software development standards に記述することが要求されている。 software verification process においては、verification objective を達成するための活動が formal methods 特有のものに修正されており、さらに、formal methods 特有の verification objective も追加されている。 また、DO-178C では4つあった structural coverage の objective (Annex A Table A-7 objective 5 から 8) は、DO-333 では 1 つの objective に置き換えられている。このように、DO-333 は、DO-178C の objective を修正、削除し、formal methods 特有の objective を新たに追加している。

1.4.1 Tool Qualification の必要性の判断について

DO-178C section 12.2 によると、tool qualification (tool の資格化) は以下の場合に必要となる：

> tool により DO-178C の process が省略、削除、自動化される場合、tool qualification が必要である。ただし、tool のアウトプットが software verification process により検証されるのであればその限りでない。

上記の判断基準より tool qualification が必要であると判断した場合、次に、その tool の software life cycle process へのインパクトを判定しなければならない。その判定は、tool が以下の 3 つの criteria のどれに属するか決定することにより実施する。

- **criteria 1**

  tool のアウトプットが航空機ソフトウェアの一部となり、それゆえエラーを入り込ませる可能性がある tool。例えば、自動コード生成 tool、コンパイラ、リンカ、等が criteria 1 となる。

- **criteria 2**

  software verification process を自動化する tool であるためエラーの検出を誤る可能性があり、また、そのアウトプットが以下のプロセスを削除、削減する tool:

  - tool によって自動化される process 以外の software verification process
  - 航空機ソフトウェアにインパクトを与える software development process

  すなわち、ある verification の objective の達成を支援するために使用する tool が、その他の objective の達成も支援する場合、その tool は criteria 2 の tool となる。例えば、source code のいくつかの review/analysis を自動化する静的コード解析 tool が、さらに、必要とされる test cases の数の削減も実施する場合、criteria 2 となる。tool により自動化される以外の software verification process が削減されているからである（review/analysis の自動化のみだと criteria 3 tool となる）。

- **criteria 3**

  tool の使用目的の範囲内において、エラーの検出を誤る可能性がある tool。例えば、structural coverage 取得 tool、静的コード解析 tool 等が criteria 3 となる。

決定された criteria 及びプロジェクトの software level から、TQL（tool qualification level）が決定される。TQL は、DO-330 に規定されている tool qualification process を、どの程度の厳格さで実施するかを定めるものである。表 1-8 に示すように、5 レベルの TQL が規定されている。TQL-1 は最も厳格な tool qualification process の実施を要求され、一方、TQL-5 は最も緩い tool qualification process の実施を要求されることとなる。表 1-9 に、TQL 毎に達成しなければならない objective の数を示す。

TIPS	tool qualification が不要な tool

一般的に、コンパイラ及びリンカは tool qualification が不要である。これは、コンパイラ及びリンカを使用して生成する EOC は、その後の testing によりその内容を検証されるからである。同様に、traceability tool の tool qualification も不要であることが多い。

表 1-8: TQL (Tool Qualification Level) の決定

Software Level	Criteria		
	1	2	3
A	TQL-1	TQL-4	TQL-5
B	TQL-2	TQL-4	TQL-5
C	TQL-3	TQL-5	TQL-5
D	TQL-4	TQL-5	TQL-5

表 1-9: TQL 毎の達成しなければならない objective の数

	TQL (tool qualification level)				
	1	2	3	4	5
達成しなければならない objective の数	76 (35)	74 (22)	70 (5)	38 (2)	14 (2)

注　括弧内は、独立性をもって達成しなければならない objective の数である。

一旦、DO-178C section 12.2 を使用して、tool qualification の必要性を判断し、適用する TQL を決定したら、tool qualification 取得のため、DO-330 のガイドラインに従わなくてはならない。

1.5 SOI (Stage of Involvement) Review

認証機関は、ソフトウェアプロジェクトが DO-178C に準拠しているかを評価するため、一般的に、4 段階の software review (通常 SOI review と呼ばれる) を実施する。認証機関による SOI review は、以下の 2 つの文書に整理されている。

- **order 8110.49 『software approval guidelines』**

  order 8110.49 は、FAA により発行されている認証機関向けの文書である。order 8110.49 の chapter 2 には、DO-178C への準拠を評価する際に、認証機関は何をすべきか、また、どのデータを review するべきか等について記述されている。

- **job aids 『guidance and job aids for software and airborne electronic hardware』**

  job aids は、order 8110.49 の補足文書であり、認証機関がどのように software review を実施するべきかについて記述されている。SOI review 実施における推奨事項、SOI review の間に考慮されるべき活動・問い掛けが記載されている。なお、job aid により認証機関からどのようなことを期待されているかを知ることができるため、申請者が job aid を利用してセルフチェックを行うことが推奨されている。

表 1-10 に、order 8110.49 (及びその補足文書である job aid) が設定している 4 段階の SOI review について示す。また、表 1-11 に各 SOI review におけるレビュー対象データを示す。なお、これらの review 対象データは、SCM process による適切な管理が要求されている。

表 1-10: SOI Reviews

SOI Reviews	実施のタイミング	実施内容
SOI #1 (software planning review)	一般的に、plans と standards が完成し、verification を実施した後	評価される objective は、主に Table A-1 である。また、planning に関連のある Table A-8、A-9、A-10 の objective も評価される。
SOI #2 (software development review)	一般的に、少なくも 50% (EASA の場合は 75%) の software development process の成果物を作成し、それらの verification を実施した後	評価される objective は、主に Table A-2 から A-5 である。また、development に関連のある Table A-8、A-9、A-10 の objective も評価される。
SOI #3 (software verification review)	一般的に、少なくとも 50% (EASA の場合は 75%) の testing (test cases の作成、test procedures の作成、test 実行) を実施し、それらの verification を実施した後	評価される objective は、主に Table A-6 と A-7 である。testing に関連のある Table A-8、A-9、A-10 の objective も評価される。
SOI #4 (final certification software review)	一般的に、最終的なソフトウェアの build が完了し、software verification が完了し、software conformity review が実施された後	評価される objective は、主に Table A-10 である。また、前回までの SOI review で問題のあった objective も評価される。

注　Table A-1 から A-10 の概要は、表 1-4 を参照

表 1-11: SOI Review における Review 対象データ

SOI Reviews	Review 対象データ
SOI #1 (software planning review)	PSAC、SDP、SVP、SCMP、SQAP、SRStd、SDStd、SCStd、 SVRs (planning における verification results)、 SQA records (planning における SQA records)、 tool qualification plan (tool qualification が必要な場合)
SOI #2 (software development review)	SRStd、SDStd、SCStd、SRD、design description、source code、 SVCP (development の成果物の verification で利用する手順)、 SVRs (development における verification results)、 SECI、PRs、SCM records、SQA records
SOI #3 (software verification review)	SRD、design description、source code、EOC、 PDI file、SVCP、SVRs、SECI (test 環境も含む)、SCI、PRs、 SCM records、SQA records、 software tool qualification data (tool qualification が必要な場合)
SOI #4 (final certification software review)	全ての software life cycle data であるが、特に以下の data に着目する: SVRs、SECI、SCI、PRs、SCM records、 SQA records (software conformity review の結果を含む)、SAS

2 Software Planning Phase

本章では、software life cycle process の計画を立てる planning phase について述べる。planning phase では、software plans 及び software development standards を規定し、これらに対して verification を実施する。また、planning に関連のある SCM、SQA、certification liaison の活動も併せて実施する。

2.1 Software Planning Process

DO-178C の software planning process は、5 つの software plans と 3 つの software development standards の作成を要求している。DO-178C に準拠するためには、これらを文書化し、これらに従ってプロジェクトを進めなければならない。

開発事例	software plans の汎用化

1 回目のプロジェクトにおいて、PSAC を除く 4 つの software plans (SDP、SVP、SCMP、SQAP) を汎用化し (プロジェクト固有の情報を PSAC にまとめ) 、プロジェクト毎に使い回せるように作成している企業もある。2 回目からのプロジェクトコスト削減に繋がるためである。

また、3 つの software development standards も、ある程度の汎用化が可能である。例えば、SCStd の場合、C 用のものと、C++用のものを用意しておき、プロジェクトニーズに応じてそれらを選択すればよい。

2.1.1 Software Planning Process の成果物

2.1.1.1 Software Plans

2.1.1.1.1 PSAC (Plan for Software Aspects of Certification)

PSAC は、どのプロジェクトにおいても認証機関に提出しなければならない計画書である。認証申請者と認証機関のコミュニケーション手段として、PSAC が利用されるからである。申請者は、PSAC に、全体的なプロジェクトの概要 (システム概要、ソフトウェア概要、各 process の計画の概要等) 、どのように DO-178C の objective を達成するか等を記載し、認証機関に提出する。これを受け取った認証機関は、適用される software level に照らしあわせ、妥当な厳格さでプロジェクトが計画されているかを判断する。

以下は、PSAC に記載する内容である：

(1) system overview
(2) software overview
(3) certification considerations

(4) software life cycle
(5) software life cycle data
(6) schedule
(7) additional considerations
(8) supplier oversight

上記の項目についての詳細を、以下に示す：

(1) system overview

ソフトウェアをインストールするシステムの概要について記載する。ソフトウェアはシステムの一部として認証を受けることとなるためである。

開発事例	system overview に記述する内容の一例

system overview で記述する内容の一例を以下に示す。

- システムの名称
- システムの機能
- システムのインタフェース
  他のシステムとのインタフェース、また、システムと人間の間のインタフェースについて説明する。
- ハードウェアに割り当てたシステムの機能の概要
  システムの機能のうち、ハードウェアで実現する機能の概要を記述する。
- ソフトウェアに割り当てたシステムの機能の概要
  システムの機能のうち、ソフトウェアで実現する機能の概要を記述する。
- システムの故障原因及び故障による影響
  システムが故障する原因を記述し、故障によってどのような事態が発生するかを記述する。
- 安全に関連する機能の概要
  システムの故障を検知する仕組みや故障時でもシステムを安全に動作させるための機能の概要を記述する。

(2) software overview

システムの機能のうち、ソフトウェアにより実現する機能について説明する。ただし、安全機能及び partitioning に関しては、それらを強調して説明する必要がある。例えば、安全機能に関しては、ソフトウェアの冗長化、fault tolerance (ソフトウェアやハードウェアに故障が発生した場合でもソフトウェアを正常に動作できる性質) 等の機能が考えられる。一方、partitioning に関しては、リソースの共有やスケジューリングの戦略等についても説明する。

(3) certification considerations

ソフトウェア認証に関わる事項をまとめる。準拠の方法、適用される software level、なぜその software level であるのかという根拠となる safety assessment の結果等である。

開発事例	certification considerations に記述する内容の一例

certification considerations で記述する内容の一例を以下に示す。

- ソフトウェア認証の根拠及び準拠の方法

  ソフトウェア認証の根拠となっている法令 (米国の場合は Title 14 CFR) を呼出し、その法令に準拠するための手段として DO-178C を選択すると記述する。

- 適用される software level

  ソフトウェアの software level 及び safety assessment process の結果を用いた software level 決定の根拠を説明する。

(4) software life cycle

今回適用するソフトウェアライフサイクルを定義し、各 process の概略を記載する。その記載の中で DO-178C で要求されている objective をどのように実現するかを説明する。また、認証の申請者の組織及びその責任についても明確にする。

開発事例	software life cycle に記述する内容の一例

software life cycle で記述する内容の一例を以下に示す。

- 認証の申請者の組織の概略

  ソフトウェア認証活動を実行する組織に属するメンバーの名前とソフトウェア認証活動内での役割、責任を明確にする。

- software life cycle process での活動内容

  software life cycle process の各 process において以下の点を明確にする。

  - objectives

    process で達成すべき objective を記述する。

  - inputs

    process で必要となる情報や文書名を記述する。

  - outputs

    process での成果物を記述する。

  - activities

    process での活動内容を記述する。

  - transition criteria

    process の遷移条件を記述する。

(5) software life cycle data

software life cycle process で作成する software life cycle data を、文書名と識別 (TBD の場合もあるかもしれないが) と併せて定義する。また、その記載の中で、どのデータを認証機関に提出し、どのデータが認証機関に利用可能 (要求に応じて提出可能) かを識別する。

(6) schedule

ソフトウェア開発のスケジュールを記載する。通常、スケジュールはトップレベルのもので良く、主要な節目 (マイルストーン) を記載する。例えば、いつ plan 作成が完了するのか、いつ設計が完了するのか、いつ test cases が完成するのか、いつ verification を実施するのか、等である。

(7) additional considerations

認証機関から認証を得る際に問題を引き起こす可能性がある"認証における考慮事項"について記載する。PSAC の本 section により"認証における考慮事項"について認証機関と調整し、合意を得て、プロジェクトを円滑に進めることが重要である。

DO-178C の section 11.1.g 及び section 12 で挙げられている additional considerations (認証における考慮事項) について説明し、認証機関との合意を得なければならない。また、DO-178C には規定されていなくても、プロジェクトにおいて考慮すべき事項がある場合は、本 section にて説明すべきである。以下に、DO-178C の section 11.1.g 及び section 12 で挙げられている追加で考慮すべき事項を示す：

(a) PDS (previously developed software)

PDS は、既に作成され、利用されているソフトウェア (ソフトウェアのコンポーネント、software requirements、software design、また、他の software life cycle data を含む) である。また、COTS software は、ユーザーによる修正なしで利用可能な商用のソフトウェアであり (ただし、ユーザーの環境に合わせて設定等は変更してよい) 、PDS のサブセットである。一般的に、航空機システム/ソフトウェアの開発において、システム/ソフトウェアを新規に開発することは珍しく、既存システム/ソフトウェアの派生開発が主流である。そのため、DO-178C section 12.1「use of previously developed software」には、改修等のためのソフトウェア再利用・再認証の process について詳細に規定されている。

プロジェクトにおいて PDS を利用する場合、PSAC には、PDS の使用目的、機能、必要な修正、修正に対する verification 方法、SCM 及び SQA の実施方針等を記述する。なお、PDS が DO-178C に基づいて作成されていない場合、ギャップアナリシス（PDS が、DO-178C のどの objective を達成していないのかの分析）の結果及びギャップを埋めるための活動について記載する必要がある。

(b) tool qualification

tool により DO-178C の process が省略、削除、自動化される場合、tool qualification が必要となる（ただし、tool のアウトプットが software verification process により verification が実施されるのであればその限りでない）。

プロジェクトにおいて tool qualification を取得する必要性が場合、PSAC にはその旨を記載する必要がある。例えば、プロジェクトにおいて利用する tool を PSAC にリストアップし、それぞれの tool に対して以下を記述する：

- tool の用途
- tool qualification が必要な理由、又は、必要ではない理由
  さらに、tool qualification が必要な場合：
  - tool により、どの process や objective が削除、削減、自動化されるか
  - tool がどの criteria に属するか
  - 適用される TQL 及びその TQL が適用される理由

(c) deactivated code

deactivated code は、要求・設計により source code の実装が意図されているが、実行されないコードである。DO-178C は、deactivated code を以下の 2 つのカテゴリに分類している：

- **category one**
  category one の deactivated code は、認証を受けるソフトウェア製品におけるどのようなコンフィギュレーションにおいても決して実行されないコードである。category one の deactivated code の例を以下に示す：
  - 利用しないライブラリのコード部分
  - 利用しない PDS のコード部分

- **category two**
  category two の deactivated code は、認証を受けるソフトウェア製品における特定のコンフィギュレーションにおいてのみ実行されるコードである。category two の deactivated code の例を以下に示す：
  - ハードウェアピン等により有効化されるコード
  - ソフトウェアオプションにより有効化されるコード

deactivated code を計画している場合、deactivated code の用途、deactivation の仕組み、development 及び verification のアプローチ等について記載する必要がある。

(d) user-modifiable software (UMS)

UMS は、認証プロジェクトにて承認された手順を使用することにより、ユーザーが認証機関・装備品メーカ等による確認なしで修正できるソフトウェアである。一般的に、UMS のユーザーは航空機の運行責任者や航空会社である。例えば、航空機の計器点検のチェックリストシステムのチェック項目は、航空会社のニーズにより選択・最適化される。

UMS を使用するソフトウェアを計画している場合、PSAC には UMS がどのように利用されるかを記載しなければならない。

(e) field-loadable software (FLS)

FLS は、システム・装備を取り外さずにロード可能なソフトウェアである。例えば、FLS は、CD、DVD、USB フラッシュドライブ、また LAN などにより航空機のシステム・装備品にロードされる。

FLS を使用する場合、PSAC には、FLS 作成に関する計画の概要（development、verification、configuration management、quality assurance、certification liaison）、DO-178C section 2.5.5.a から 2.5.5.d に記載されている FLS に関する考慮事項についての記述、利用する完全性チェック（CRC 等）についての説明等を記述する。

(f) parameter data item (PDI)

PDI とは、データの集まりであり、EOC を変更することなくソフトウェアの振る舞いに影響を与えるものである。そのため、PDI は EOC とともにターゲットハードウェアにロードすることとなる。例えば、PDI には、ソフトウェアコンポーネントに初期値を与えるデータがある。

PDI の利用が計画されている場合、PSAC には、DO-178C section 4.2.j に記載されている以下の項目について記載する必要がある：

- PDI を利用する方法
- PDI の software level
- PDI の作成（develop）・検証（verify）・修正（modify）のための process 及び関連する tool qualification について
- software load の管理・整合性について

(g) multiple-version dissimilar software

multiple-version dissimilar software とは、同じ機能を持つ 2 つ以上のソフトウェアコンポーネントを作成する設計手法であり、その目的はコンポーネント間の共通エラーの源泉を避け冗長性を高めることにある。

multiple-version dissimilar software を計画している場合、PSAC には、どのように multiple-version dissimilar software を計画しているのかを記載する必要がある。

(h) product service history (PSH)

PSH は、再利用するソフトウェア製品 (previously developed software) の service history (サービス履歴) を使用することによって安全性を立証することにより認証の工程を緩和させるものである。

PSH を使用する場合、PSAC には、DO-178C section 12.3.4.4 に記載されている項目 (例えば、service history の妥当性に関する根拠、蓄積した service history の十分性等) について記載する必要がある。

(i) option-selectable software

option-selectable software は、ソフトウェアオプションにより選択・有効化されるソフトウェアコンポーネントを含むソフトウェアである。例えば、PDI file により EOC のある機能の有効化/無効化が切り替えられる場合、そのソフトウェアは option-selectable software である。

option-selectable software を使用する場合、PSAC には、ターゲットコンピュータにおいて承認されていないコンフィギュレーションが選択されないことを保証する手段等を記載する必要がある。

なお、適用しない"考慮事項"も含め、全ての"考慮事項"をリストアップし (又は、PSAC にそのための section を作成し) 、適用/非適用を明記することが推奨されている。additional considerations について考慮していることを認証機関に示すことができ、認証機関からの質問を減少させることができるからである。

(8) supplier oversight

アウトソーシング、オフショアリング、下請け等によりサプライヤに業務を委託する場合、そのサプライヤの process と成果物が、software plans と standards に従っていることを保証するための手順を記載する。

推奨事項	objective と software plans のマッピング情報の作成

software plans を実行した時、適用される全ての objective が達成される必要がある。これを保証するため、objective と software plans のマッピング情報を PSAC に記載することは有用である。例えば、以下の 4 列からなる表等を作成する。

- table / objective #
  DO-178C Annex A の Table と objective ナンバーを識別する。
- objective summary
  DO-178C Annex A に記載されている objective のサマリーを記載する。
- PSAC reference
  objective をどのように達成するかを記載した PSAC の section を識別する。
- other plans reference
  objective を達成するための詳細な活動を説明している SDP、SVP、SCMP、SQAP の section を識別する。

2.1.1.1.2 SDP (Software Development Plan)

SDP は、software development process の計画書である。そのため、software development process の実施者が理解でき、従うことのできるよう記載しなければならない。また、software development plan に基づき process を実施した時、DO-178C Annex A Table A-2 “software development process”の objective が達成されるよう記載しなければならない。

以下は、SDP に記載する内容である：

(1) standards
(2) software life cycle
(3) software development environment

上記の項目についての詳細を、以下に示す：

(1) standards

software development process で使用する 3 種類の software development standards (SRStd、SDStd、SCStd) を識別 (文書番号と文書名による参照等) する。

(2) software life cycle

プロジェクトで利用する software development process について記述する。

開発事例	ライフサイクルモデル

プロジェクトに適用するライフサイクルモデル（ウォーターフォールモデルやスパイラルモデル等の）について説明し、そのモデルをベースに software development process について説明する。なお、開発に関わる関係者の共通理解のため、使用するライフサイクルモデルの名前を特定し、モデルの意味を説明する。

DER の意見	software life cycle の記述について

SDP に、software development process だけでなく、requirements、design、coding、integration の review/analysis について記述するプロジェクトもある（この場合、SVP には testing についてのみ記述することとなる）。これは、SDP の本 section のタイトルが"software life cycle"となっているからである。

もちろん、SDP には software development process についてのみを記述し、SVP には review/analysis を含む verification 全体について記述してもよい。

開発事例	software development process について

SDP に、software development process についてのみを記述する場合（verification については記述しない場合）、SDP の本 section には、software development process の各 process (software requirements process、software design process、software coding process、integration process) についての説明を記載する。例えば、process 毎に以下の内容を記載する：

- 達成すべき objective
- inputs
- outputs
- activities
- transition criteria

software development process のための transition criteria を記載しなければならない。transition criteria とは、ある process (又は phase) を実施するため、また、終了するために満たすべき最低限の条件である。DO-248C によると、transition criteria を定義する目的の 1 つは、ある process にて作成されるデータにエラーが混入するリスク、また、混入してしまったエラーが次の process へ伝播するリスクを低減することにある。例えば、HLRs の review を実施する前に software design process を実施した場合、HLRs に混入してしまったエラーが software design に伝播するリスクが増加する。よって、software design を作成する前に、HLRs の review を実施する必要があり、そのような transition criteria を設定すべきである。

なお、DO-178C では、transition criteria をどのように定義するべきかについて、具体的には記述していない。しかし、一般的に、プロジェクトマネジメントの観点から、"厳格すぎる"又は"柔軟すぎる"transition criteria は推奨されていない。例えば、厳格すぎる transition criteria を定義した場合、厳格な process 制御を実現できるという利点があるが、不必要なスケジュール・コストが発生する可能性が高くなる。一方、柔軟すぎる transition criteria を定義した場合、ある process から次の process へ移行が簡単になるため、後工程にエラーが伝播していき、手戻りが多く発生する可能性が高くなる。

適切に process 制御を実現しつつ、また、なるべく不必要なスケジュール・コストを発生させない transition criteria を設定する方法として、以下がある：

- 相互作用が存在しない process・活動間の transition criteria は設定しない。
- 相互作用が存在する process・活動が存在する場合であっても、エラーが伝播しない、又は、エラーが識別・削除される場合、transition criteria を緩く設定する。

(3) software development environment

development environment (つまり、software development process で使用する環境)を識別する。環境として、例えば、以下を識別する必要がある：

- 利用するプログラミング言語
- 利用する tool

  ドキュメンテーション tool、要求管理 tool、コードエディタ、コンパイラ (コンパイラオプションを含む) 、リンカ、ローダー等
- tool をインスールする開発機

2.1.1.1.3 SVP (Software Verification Plan)

software verification plan は、verification に関係する objective を達成するため、review、analysis、testing の実施計画を記載するものである。主要な読者は、software verification process の実施者である。

以下は、SVP に記載する内容である：

(1) organization
(2) independence
(3) verification methods
(4) verification environment
(5) transition criteria
(6) partitioning considerations
(7) reverification guideline

(8) previously developed software
(9) multiple-version dissimilar software

上記の項目についての詳細を、以下に示す：

(1) organization

software verification process を実施するための組織（organization）、組織の責任（responsibilities of organization）を記載する。

(2) independence

verification の objective を達成する際、独立性を確立するための手法を記載する。DO-178C では、software level が高いほど、独立性が要求される。独立性とは、verification 対象のデータを作成した人とは別の人（又は tool）が verification を実施することとされている。ただし、より高い独立性を目指すため、独立した verification チームを設定するプロジェクトもある。

(3) verification methods

software verification process における review methods、analysis methods、testing methods について記載する。

開発事例	verification methods の記述

DO-178C で要求されている各 verification objective を、(1) review、(2) analysis、(3) testing のどの verification methods を利用して達成するか示したマトリクスを作成した。さらに、そのマトリクスを受けて、個々の verification methods をどのように実施するかを記述した。

(4) verification environment

software verification process において使用する tool をリストアップする。

(5) transition criteria

verification の活動を開始・終了するための transition criteria を記載する。

(6) partitioning considerations

開発されるソフトウェアが partitioning の仕組みを持っている場合、どのように partitioning の整合性を確認するのかについて説明する。partitioning とは、コンポーネントの保護（あるコンポーネントが他のコンポーネントの動作に影響を与えない等）のため、ソフトウェアコンポーネントを分離する手法である。

(7) reverification guideline

reverificationの実施方法を記載する。例えば、開発中にソフトウェアの変更があった場合に、全てを再テストするのか又は影響がある部分のみを再テストするのか、等を説明する。

(8) previously developed software

previously developed softwareがDO-178Cに準拠しないで開発されている場合、DO-178Cのobjectiveを達成するための手法を記載する。

(9) multiple-version dissimilar software

multiple-version dissimilar softwareを利用する場合のverificationの手法を記載する。

2.1.1.1.4 SCMP (Software Configuration Management Plan)

SCMPには、software life cycle processを通して、どのようにsoftware life cycle dataのconfigurationを管理していくかを記載する。SCMはプロジェクトの開始から始まり、ソフトウェア製品がリタイアするまで実施される。

以下は、SCMPに記載する内容である：

(1) environment
(2) activities
(3) transition criteria
(4) SCM data
(5) supplier control

上記の項目についての詳細を、以下に示す：

(1) environment

使用するSCMの環境を記載する。環境とは、例えば、以下である。

- 利用するproceduresとstandards
  SCMP内で利用しているprocedures及びstandards (内部文書と外部文書の両方) を識別する。
- SCM tools
  SCMの活動を支援・自動化するために利用するSCM toolについて説明する。SCM toolには、version management tool、change management tool、problem tracking tool、status accounting tool等がある。

- 組織について (責任とインタフェース)
  SCM を実施するチームの組織構成、SCM チームと他の組織との関係 (例えば、SCM の活動を監査・レビューする他のチームについて) 、CCB (詳細は本章 (2) を参照) の構成等について述べる。

(2) activities

DO-178C section 7.2「software configuration management process activities」には、SCM の活動について記載されている。その活動の詳細は、SCMP で詳細化されなければならない。

configuration identification :

configuration identification では、最初に、管理対象とする software life cycle data (最低限、22 個の software life cycle data のうち、適用されるソフトウェアレベルにて作成を要求される data) を configuration item として識別する。何を管理するかを識別せずに、それら上手く管理することはできないからである。そのため、configuration identification は、以降の活動の土台となる必要不可欠な活動である。また、適切に管理するため、configuration item の明確な識別方法を確立し (data の識別子の命名規約、バージョン管理方法等) 、それらの管理に利用する SCM tool (例えば、version management tool) や手法を記載する。

baseline and traceability :

baseline を確立・識別する方法を記載する。baseline とは、ある時点における 1 つ以上の configuration item である。baseline は、以降の process における基準となるものであり、管理された software library (ソフトウェア・関連するデータ・ドキュメントを格納するためのリポジトリ等) に確立されていなければならない。また、configuring item への変更等により baseline を変更する場合、以前の baseline との間でトレース可能 (以前の baseline は何か及び以前の baseline との差分は何かが識別可能) でなければならない。

開発事例 baseline 確立の 2 つの考え方

一般的に、baseline を確立する方針として、2 つの考え方がある。

[考え方①] ある時点における複数の data を関連付けて baseline 化する

1 つ目の考え方は、図 2-1 に示すように、ある時点における複数の data の version を関連付けて baseline 化する方法である。この図の例では、baseline によりある時点における 3 つの data の version が関連付けられて baseline 化されている。

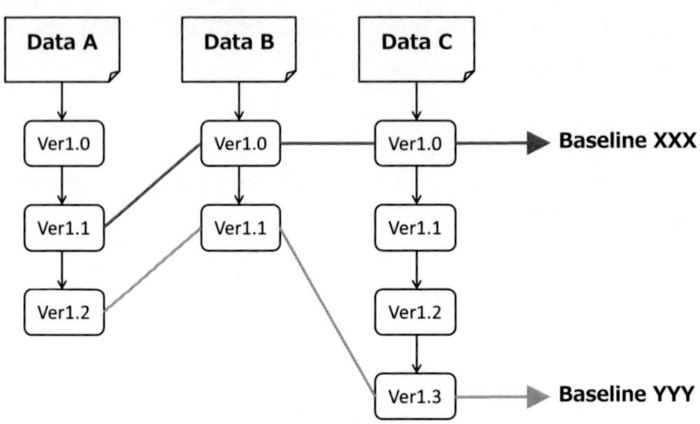

図 2-1: Baseline の確立方法 1

[考え方②] ある時点における単一の data を baseline 化する

2 つ目の考え方は、図 2-2 に示すように、ある時点における単一の software life cycle data の version を baseline 化する方法である。

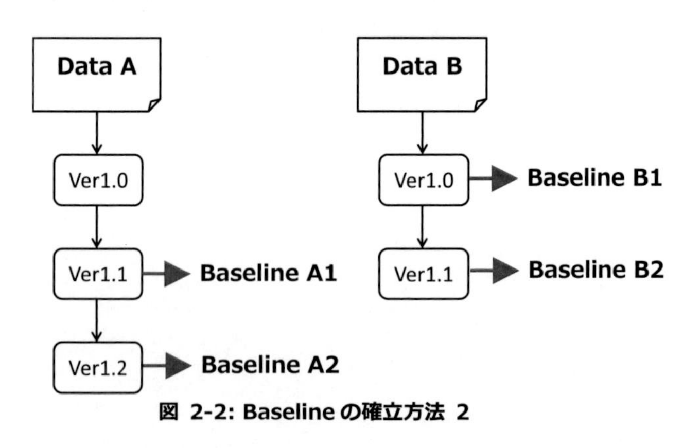

図 2-2: Baseline の確立方法 2

[baseline 確立方法の考察]

考え方①による baseline の確立方法では、ある時点における全ての software life cycle data の状態をまとめて管理することができるという利点がある。しかし、1 つの software life cycle data に着目したい場合でも（例えば、ある data の verification）、その時点における全ての software life cycle data を baseline としてまとめて登録するため、baseline を頻繁に作成するプロジェクトにおいては、その管理が煩雑になってしまう。

一方で、考え方②による baseline の確立方法では、基本的に 1 つの software life cycle data について baseline を確立するため、考え方①の問題点を解決できる。また、baseline だけでは software life cycle data 間の関連が分からないが、DO-178C において、この data 間の関連は SCI（software product が何であり、どのようなデータを利用して software product を作成したか、を示す data）により管理することになっている。

以上の理由より、DO-178C のプロジェクトにおいては、考え方②による baseline 確立方法を用いる方がよいと考えられる。

開発事例 software library の構築について

baseline をコントロールするための 2 種類の software library の構築例を示す。

- **project library**

  公式に release する前の CC1 data 及び CC2 data を保持するためのプロジェクトのチームのための software library である。

- **organizational library**

  認証機関に対して公式に release される cc1 data を保持する software library である。release 時に、project library から organizational library にデータのコピーを作成し、それが公式な data となる。また、release 後のデータへの変更は、公式に change control の process を経て（例えば、problem reports を発行して）変更する必要がある。

注 DO-178C の規約より、CC2 data の release は必要ない。そのため、CC2 data を organizational library に格納する必要はない。

注 word の data は、word 形式でのコピーのほか、変更に対する保護のため、word を PDF 化した data も併せて organizational library に保持する。

開発事例 baseline と software library の運用フロー（ドキュメントの場合）

図 2-3 に、ドキュメント（word data 等）を管理する場合の運用フロー例を示す。

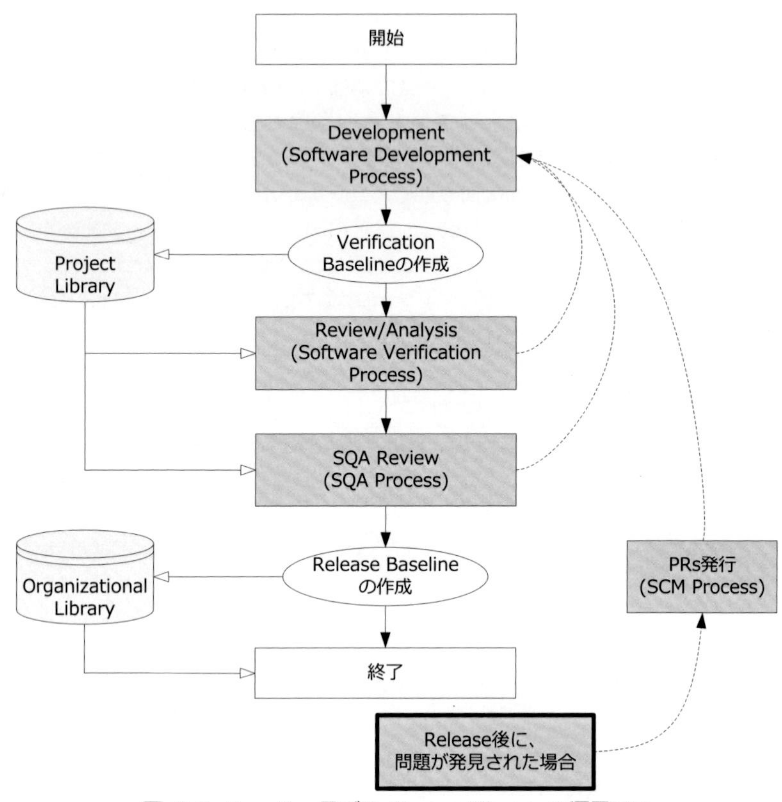

図 2-3: Baseline 及び Software Library の運用フロー

- Development (Software Development Process)

  software development process の活動として、あるドキュメントを作成する。

- Verification Baseline の作成

  review/analysis を実施するベースとするため、作成したドキュメントの verification baseline を確立する。これは、作成したドキュメントを project library に登録することで行う。

- Review/Analysis (Software Verification Process)
  verification baseline のドキュメントに対して、review/analysis を実施する。問題が見つかった場合、"Development"の process に戻る。

- SQA Review (SQA Process)
  verification baseline のドキュメントに対して、SQA review (SQA document review 及び SQA transition review 等) を実施する。もし問題が見つかった場合、"Development"に戻る。

- Release Baseline の作成
  作成したドキュメントの release baseline を確立する 。つまり、project library から organizational library にドキュメントをコピーする。

- PRs 発行 (SCM Process)
  release 後(release baseline の作成後)のドキュメントに対して問題が見つかった場合、PRs を発行する。以降の process では、発行した PRs を基に適切な change control・change review の process を経てドキュメントを修正することとなる。

problem reporting、change control、change review :

以下の 3 つの SCM 活動について記載する。これらの活動は互いに密接に関係している：

- **problem reporting**
  以下を識別するため、PRs (problem reports) を作成する活動である。PR は、問題を適切に管理し、処置するためのベースである。
  - ✧ release 後(release baseline の作成後)の CC1 data に対する問題
  - ✧ software plans に従っていない process
  - ✧ ソフトウェアの異常な振る舞い
- **change control**
  software life cycle data に対する修正・変更を、PRs に識別された問題に基づいてコントロールする活動である。
- **change review**
  修正・変更の計画、承認、実現 (implementation) 、verification、クローズ等を保証するための review である。

TIPS CCB (change control board) について

一般的に、change review のために設けられる委員会を CCB (change control board) と呼ぶ。CCB の参加者には、CCB で求められる意思決定を適切に実行できる人が選ばれるべきである。例えば、SCM の責任者 (SCM process について理解している) 、development 及び verification の責任者 (ソフトウェア製品について理解しており、変更の影響範囲について判断できる) 、SQA の責任者 (各種承認を実施する) 等が参加すべきである。

なお、CCB の活動は、必ずしも物理的な (顔を突き合わせた) 委員会を開く必要はなく、必要となる各種手続き・意思決定をオンラインにて実施してもよいとされている。

開発事例 problem reporting、change control、change review の運用フロー

図 2-4 に、problem reporting、change control、change review の運用フローの例を示す。

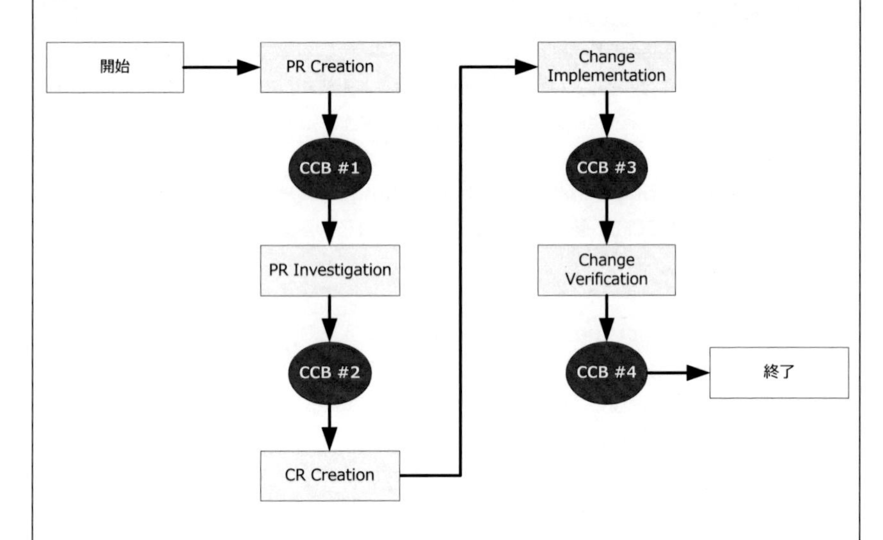

図 2-4: 変更の Process の流れ

- **PRs Creation**

  問題を発見したら、問題の発見者は、PRs を作成して問題を報告する。問題報告のため、PRs には以下の内容を記載する。

  - 作成者、作成日、PRs 番号、PRs の起草者、問題の内容、期待する結果・振る舞い、問題の再現方法

なお、ソフトウェアの詳細に詳しくない人であっても理解できるように PRs を記述すべきである。PRs はさまざまな人 (例えば、プロジェクトマネージャ、システムのエンジニア、認証機関等) が読む可能性があるからである。

PRs には、1 つの問題のみを記述することとした。複数の問題を 1 つの PRs によりまとめて記載した場合、どの問題が処置されているのか/どの問題が処置されていないのかの管理が難しくなるためである。

- **CCB #1**

CCB #1 (第 1 回目の CCB)を行う。CCB#1 では、以下を行う。

➢ PRs の review

完全性 (記載されるべき内容が全て記載されているか) 及び正確性 (記載されている内容が正しいか) の観点から PRs を review する。もし、PR の内容に問題がある場合、"PRs Creation"の process に戻り、PRs を修正する必要がある。

➢ PRs の承認

CCB #1 では、PRs の承認を行う。PRs の内容が以下のような場合、PRs はリジェクトされる。

✧ duplicated (重複)
これまで報告されている PRs と内容が同じである
✧ cannot be reproduced (再現できない)
問題が再現できない
✧ work as designed (設計通り)
設計や仕様通りであるため問題がない
✧ invalid problem (不正な問題)
問題として記述された内容が、正しくない

- **PRs Investigation**

CCB #1 により PRs が承認されたら、PRs の内容を詳細に分析し、主に以下の内容を PRs に追記する。

➢ 分析者及び分析日
➢ 問題のある software life cycle data
➢ problem severity (問題の深刻さ)
✧ safety impact
✧ certification / compliance impact
✧ major functional / operation impact
✧ minor functional / operation impact
✧ documentation only

- problem priority (問題解決の優先度)
  - fix immediately
  - fix as soon as possible
  - fix before next release
  - fix before certification
  - fix if possible
- 問題の原因
- どの software life cycle data に処置が必要か
- どのような処置が必要か
- 問題を処置するには、どのようなスキルが必要か
- スケジュールへの影響
- コストへの影響

- **CCB #2**

  CCB #2 を実施する。主な実施内容は以下である。

  - PRs の review

    再度、完全性（記載されるべき内容が全て記載されているか）及び正確性（記載されている内容が正しいか）の観点から PRs の review を実施する。もし、PRs に問題がある場合、それらを修正する必要がある。

  - 問題に対する処置の実施の判断

    PRs investigation の結果を考慮し、問題に対する処置を実際に実施するかを判断する。

- **CRs Creation**

  PRs に起草された問題を処置するため、CRs (change requests) を作成する。PRs は"どのような問題があるか"を記載するもので、CRs は"どのように処置するか"を記載するものである。CRs には、主に以下の内容を記載する。

  - 作成者及び作成日
  - 関連する PRs の番号
  - 処置される software life cycle data
  - 処置内容
  - 処置実施者
  - 影響のある software life cycle data
  - system requirements への影響

- **Change Implementation**

  CRs に従い変更を実施する。

- **CCB #3**

  CCB#3 を実施する。主な実施内容は以下である。

  - 変更に対する確認

    意図されている通りに変更がなされたかを確認する。

  - verification への移行の判断

    スケジュールやコストへの影響を判断しつつ、変更に対する verification をどのように実施するか、いつ verification を実施するか、verification を誰にアサインするか等を判断する。リスクが高い場合、延期（defer）もありえる。

- **Change Verification**

  変更に対する verification を行う。実際に変更されたデータ及びその変更により影響を受けるデータに対して実施する。また、必要な場合、再テストも実施する。

- **CCB #4**

  CCB#4 を実施する。主な実施内容は以下である。

  - verification に対する確認

    意図されている通りに verification が実施されたかを確認する。

  - CRs/PRs のクローズ

    問題がない場合、CRs/PRs のクローズを判断する。

TIPS	運用フローの変更

プロジェクトの規模によって、上記の運用フローに変更を加えてもよい。例えば、プロジェクトの規模が小さい場合、以下のようにしてもよい：

- CCB#1 及び CCB#3 を実施しない。ただし、CCB#2 及び CCB#4 は必須である。
- PRs と CRs を統合する。

configuration status accounting (CSA)：

CSA について記載する。CSA は、software life cycle process を効果的に管理するための情報を記録（recoding）・報告（reporting）する活動である。管理された情報は、管理者、development の実施者、verification の実施者、SQA の実施者等さまざまな組織によって利用される。本活動では、一貫しており、信頼できる、最新の情報を管理する必要がある。例えば、以下のような情報を記録し、要求に応じ（又は、定期的に）報告する。

- software life cycle data のステータス (名前と識別子)
- PRs、CRs のステータス
- release されたデータ、ファイルのステータス

archive、retrieve、release :

archive、retrieve、release の手順を記載する。それぞれの用語の意味を下記に示す:

- archive

  ソフトウェア認証後も、認証を受けたソフトウェアが搭載されている航空機が現役の間は、作成した全ての configuration items を保持しておかなければならない。この保存する活動のことを archive と呼ぶ。少なくとも 20 年の間データを保持できる最低 2 つの storage media (CD や DVD 等) を用意し、それぞれにデータを格納し、災害における損失からのリカバリのため物理的に離れた 2 つの場所に保持しておかなければならない。

DERの意見	プロジェクト進行中の定期的な archive の実施について
プロジェクトの進行中にも定期的に archive の活動を実施することはよいプラクティスである。これは、航空機搭載ソフトウェアの開発プロジェクトは、数年に渡ることが多く、その間に発生する災害における損失からのリカバリのためである。	

- retrieve

  archive からデータのコピーを作成することを retrieve と呼ぶ。再テストやソフトウェアの修正等が必要になった場合、また、災害によりデータの復旧が必要となった場合に実施する。

- release

  一旦 software life cycle data が完成したら、公式なデータとして利用可能にしなければならない。この活動を release と呼ぶ。

TIPS	release におけるサイン取りについて
一般的に、release のため、主要人物 (作成者、verification 実施者、SQA の実施者) の review 及びサイン取りが必要となる。サインする人は、review を確実に実施し、責任を持ってサインする必要がある。	

software load control :

software load control について説明する。software load control は、EOC と PDI file が、システムにロードされることを保証する活動である。ロードされるソフトウェアは、適切な手段により保護されなければならない。例えば、以下のような手順を作成する旨を述べる。ただし、具体的な手順はSCIに記載する（又はSCIから参照する)。

➢ **load 手順 (load instructions) の作成**

ターゲットハードウェアに EOC 及び PDI file をロードするための手順を記述する。

➢ **load verification 手順の作成**

ソフトウェアの破損なく load が完了したことを保証するための手順を記述する。これは、CRC (cyclic redundancy check) 等の integrity check の手法により実施することが多い。

また、承認されたソフトウェアが、実際にロードされたということを確認するための手法も記述する。例えば、EOC のロード後に、EOC に埋め込まれている部品番号やバージョン番号等を確認する手法がある。

software life cycle environment controls :

software life cycle environment controls は、ソフトウェア開発に使用する tool を識別及び管理し、tool 環境の再構築を保証する活動である。そのため、使用する tool を、SECI (software life cycle environment configuration index) に文書化しなければならない。また、利用する tool の EOC は、CC1 data 又は CC2 data として管理する必要がある。tool qualification が取得されない tool の場合は、その tool の EOC は CC2 data でよいとされている。tool qualification が取得される tool の場合は、その EOC は DO-330 のガイドラインに従い管理されることとなる。

software life cycle data controls :

既に説明したように、各 software life cycle data に対して、どの程度の厳格さで形態管理すればよいかについて、DO-178C は control category の概念を導入している。ただし、DO-178C の software level による control category の割当ては最低限である。そのため、CC2 data であっても、CC1 data として扱うことを許容している。

参考として、software level による各 software life cycle data の control category の区分けを表 2-1 に示す。

表 2-1: Software Level による Control Category の区分け

DO-178C Section	Software Life Cycle Data	Software Level			
		A	B	C	D
11.1	PSAC	CC 1	CC 1	CC 1	CC 1
11.2	SDP	CC 1	CC 1	CC 2	CC 2
11.3	SVP	CC 1	CC 1	CC 2	CC 2
11.4	SCMP	CC 1	CC 1	CC 2	CC 2
11.5	SQAP	CC 1	CC 1	CC 2	CC 2
11.6	SRStd	CC 1	CC 1	CC 2	N/A
11.7	SDStd	CC 1	CC 1	CC 2	N/A
11.8	SCStd	CC 1	CC 1	CC 2	N/A
11.9	SRD	CC 1	CC 1	CC 1	CC 1
11.10	design description	CC 1	CC 1	CC 1	CC 2
11.11	source code	CC 1	CC 1	CC 1	N/A
11.12	EOC	CC 1	CC 1	CC 1	CC 1
11.13	SVCP	CC 1	CC 1	CC 2	CC 2
11.14	SVRs	CC 2	CC 2	CC 2	CC 2
11.15	SECI	CC1	CC 1	CC 1	CC 2
11.16	SCI	CC 1	CC 1	CC 1	CC 1
11.17	PRs	CC 2	CC 2	CC 2	CC 2
11.18	SCM records	CC 2	CC 2	CC 2	CC 2
11.19	SQA records	CC 2	CC 2	CC 2	CC 2
11.20	SAS	CC 1	CC 1	CC 1	CC 1
11.21	trace data (development)	CC 1	CC 1	CC 1	CC 1
11.21	trace data (verification)	CC 1	CC 1	CC 2	CC 2
11.22	PDI file	CC 1	CC 1	CC 1	CC 1

(3) transition criteria

SCM process へ移行するための transition criteria を記載する。例えば、baseline の確立、release、CSA のレポーティング等の活動に対して、それらの活動のトリガーとなるイベントを transition criteria として記述する。

(4) SCM data

SCM process にて生成される以下の software life cycle data を定義する。

➢ **SECI (software life cycle environment configuration index)**

ソフトウェアの再生成・再テスト・修正等のために、software life cycle の環境を再構築できるよう記載する文書である。そのため、以下を記載することとなっている：

✧ 開発環境 (ハードウェアと operating system)
✧ ソフトウェアの development に利用する tool (要求管理 tool、コンパイラ、リンカ、ローダー等)
✧ ソフトウェアの verification に利用する tool (テスト用のハードウェア、テスト tool、分析 tool 等)
✧ SCM と SQA に利用する tool
✧ qualified tool と関連するデータ

➢ **SCI (software configuration index)**

SCI は、ソフトウェア製品が何であり、どのような software life cycle data を利用してそのソフトウェア製品を作成したか、を示すものである。そのため SCI には、主に以下を識別しなければならない。

✧ software product
✧ EOC
✧ source code files
✧ software life cycle data
✧ archive と release の media
✧ EOC を生成するための build instructions
✧ EOC の data integrity check の方法 (CRC のような)
✧ ターゲットハードウェアに EOC をロードするための load instructions

注　DO-178C では、SECI と SCI を統合し、1 つの文書としてよいとしている。

なお、build instructions と load instructions は、繰り返し可能でなければならない。つまり、誰が何度やっても同じ結果を得ることができるよう記載しなければならない。

➢ **SCM (software configuration management) records**

SCM records は、SCM process の活動の記録である。例えば、baseline や software library の記録、変更履歴の記録、archive 記録、release 記録である。

(5) supplier control

SCM process をサプライヤに適用する手段について記載する。

2.1.1.1.5 SQAP (Software Quality Assurance Plan)

SQAP は、SQA process を実施する SQA チームのための plan であり、以下の内容を保証する計画を記載するものである。

- プロジェクトが、承認された software plans に従っている。
- プロジェクトが、承認された software development standards に従っている。

以下は、SQAP に記載する内容である：

(1) environment
(2) authority
(3) activities
(4) transition criteria
(5) timing
(6) SQA records
(7) supplier oversight

上記の項目についての詳細を、以下に示す

(1) environment

SQA チームの組織、組織の責任、他の組織とのインタフェース等を記載する。

(2) authority

SQA の authority (権威) 、responsibility (責任) 、independence (独立性) を宣言する。

(3) activities

DO-178C section 8.2「software quality assurance process activities」には、以下の SQA の活動について記載されている：

- 以下を保証するための活動
    - software plan 及び software development standards が DO-178C に従って作成されたこと
    - software plan 及び software development standards が DO-178C に従っていることを確認するための review が実施されたこと
    - software life cycle process が、software plans 及び software development standards に従って実施されていること

- 以下を保証するための監査 (audits)
    - software plans が利用可能であること
    - software plans 及び software development standards からの逸脱が、検出、記録、追跡、解決されたこと
    - 承認された逸脱が記録されたこと
    - software plans に記載されている software development environment が構築されていること
    - problem reporting の活動が SCMP に従って実施されていること
- software plans に記載されている transition criteria が正しく満たされていることを保証すること
- 各 software life cycle data が、指定された control category の基準に従って管理されていることを保証すること
- software conformity review の実施

  software conformity review は認証の最終段階の review であり、software life cycle process が完了し、software life cycle data が完成し、EOC が再生成できることを保証することを目的としたものである。
- SQA process の活動の記録を作成すること
- サプライヤのプロセス・成果物が、software plans 及び software development standards に準拠していることを保証すること

上記の活動の詳細は、SQAP で詳細化されなければならない。

開発事例	SQA の活動例

- **プロジェクト活動への参加**

  SQA の実施者は、プロジェクトの活動が、計画した plans・standards に従って実施されていることを保証するため、プロジェクトの活動へ参加する。ただし、全てのプロジェクト活動へ参加するのではなく、例えば、software level に応じたサンプリングによって実施する：

  - software level A: 50%のプロジェクト活動への参加
  - software level B: 40%のプロジェクト活動への参加
  - software level C: 30%のプロジェクト活動への参加
  - software level D: 20%のプロジェクト活動への参加

  また、参加の対象となるプロジェクト活動には、例えば、以下がある。

  - software verification process の review/analysis
  - software testing

- CCB

- **プロジェクトのプロセス及び成果物の監査**
  - **SQA document review**
    SQA の実施者は、全ての CC1 data のドキュメントに DO-178C section 11 (software life cycle data) で識別されている内容が記載されていることを確認する。CC1 data は、本 review 後に、リリースされなければならない。

  - **SQA transition review**
    SQA の実施者は、software plans に定められている transition criteria に従って process が進んでいることを確認する。

  - **configuration audits**
    ソフトウェア認証の取得後、SQA の実施者は、archive により保管されたデータが承認された承認されたデータであることを確認する必要がある。また、必要であれば、保管されたデータを取出し (retrieve) し、正しくビルドできることを確認する。本活動は、ソフトウェア製品が現役の間、定期的 (例えば 10 年毎) に実施する。

  - **preliminary compliance review**
    DO-178C では要求されていないが、公式の SOI review を受けるための準備が整っていること、また、プロジェクトが DO-178C に準拠して実施されていることを評価するため、SQA の実施者が、job aid を利用して SOI review と同等(又は、一部)の review を実施することがある。

- **software conformity review**

(4) transition criteria

SQA process の活動の開始・終了のための transition criteria を記載する。

(5) timing

SQA process の活動を実施するタイミングを記載する。一般的に、タイミングとして、活動周期 (例えば、毎週、毎月等) を記載することが多い。

TIPS	transition criteria と timing の関係
transition criteria は、SQA process の活動を開始・終了するための"条件"である。一方、timing は、"開始条件"を満たしてスタートしている SQA process において、SQA の活動を「いつ、どの程度」実施するかを定めるものである。	

(6) SQA records

SQA process の活動にて作成される記録について定義する。

(7) supplier oversight

サプライヤを利用する場合、サプライヤの process を保証するための方法及び成果物が plans と standards に従っていることを保証するための手順を記載する。

DER の意見	SQA のチェックリスト
SQA の監査で利用するチェックリストは、一般的に、SQAP の appendix に記載する。	

2.1.1.2 Software Development Standards

DO-178C では、3 つの software development standards の作成を要求している。

TIPS	software development standards について
software development process の実行には、software development "plan"と software development "standards"が必要である。 "plan"は、適用する process (活動、成果物、process 間の transition criteria を含め) を定義し、利用する standards を識別 (又は、参照) する。 一方、"standards"は、(仮に複数人で作成したとしても) 一貫性のあるスタイル・品質の成果物を作成するための、process 実行時の一貫性のあるアプローチを定義するものである。具体的には、開発手法、開発時の制約、成果物のスタイル、tool の利用用途の制限、また、その他のガイドライン・ルール等を定義する。standards が適切に作成・適用されない場合、作成される成果物のスタイル・品質がバラつき、一貫性のないものになってしまう。	

2.1.1.2.1 Software Requirements Standards (SRStd)

SRStd は、HLRs を作成するチームのためのガイドであり、一貫性のある HLRs の作成を保証するものである。SRStd には、例えば、HLRs 及び derived requirements の定義と例、software requirements の開発手法 (trace data の作成方法を含む) 、HLRs が備えるべき品質特性、要求管理 tool の利用について説明や制約、HLRs の識別方法 (ナンバリング方法等) 、HLRs やその補足情報のスタイル、derived requirements の取り扱い方法、また、その他に適用するガイドラインやルールを記述する。

TIPS ガイドラインの根拠・例の記載

software development standards に記載してあるガイドラインやルールと共に、以下を記載することは重要である：

- 適用するガイドライン・ルールの根拠 (なぜそれが必要なのか)
- ガイドライン・ルールを満たした場合/満たしていない場合の例

なぜそれが望まれているのか/望まれていないのかを具体例と併せて納得できる方が、そのガイドライン・ルールの意図に沿った成果物を開発しやすくなるからである。

開発事例 SRStd の記載内容

SRStd の章構成の例を以下に示す：

1 Introduction

本章には、SRStd の目的、適用範囲、使用する略語、参照ドキュメント等を記載する。

2 Characteristics of Good Requirements

本章には、品質の高い HLRs の備えるべき特徴について記載する。

3 Requirement Development Methods

本章には、HLRs の作成者が一貫した手法で成果物を作成できるよう、HLRs を作成する手法について述べる。例えば、system process から受け取った system requirements を分析する手法、HLRs 及び関連するデータを作成する手法、trace data を作成する手法等である。

4 Notation

本章には、HLRs の作成者が一貫した表記の成果物を作成できるよう、HLRs 及び関連する成果物の表記法を定義する。

5 Derived HLRs Handling Methods

本章には、Derived HLRs を作成する場合、その derived HLRs を system process に提供し、評価を受け、承認を受けるための手法・手順を記載する。

6	**Requirement Development Tools** 本章には、HLRs を作成するために tool を利用する場合、その tool を利用する手法、また、tool の使用制約等を記載する。

2.1.1.2.2 Software Design Standards (SDStd)

SDStd は、software design (software architecture と LLRs) を作成するチームのためのガイドであり、一貫性のある software design の作成を保証するものである。SDStd は、software architecture や LLRs の定義と例、software design の開発手法 (trace data の作成方法を含む)、設計 tool の利用についての説明や制約、software architecture や LLRs が備えるべき品質特性、software architecture 中のコンポーネントの識別方法 (命名規則等)、LLRs の識別方法 (ナンバリング方法等)、LLRs やその補足情報のスタイル、derived requirements の取り扱い方法、設計における制約 (ネストの深さの制約、再帰関数の使用制約、無条件分岐の使用制約等)、また、その他に適用するガイドラインやルールを記述する。

開発事例	SDStd の記載内容

SDStd の章構成の例を以下に示す：

1 **Introduction**

本章には、SDStd の目的、適用範囲、使用する略語、参照ドキュメント等を記載する。

2 **Characteristics of Good Design**

本章には、品質の高い software design の備えるべき特徴について記載する。

3 **Design Development Methods**

本章には、software design の作成者が一貫した手法で成果物を作成できるよう、software design を作成する手法について述べる。例えば、HLRs を分析して software architecture、data flow、control flow 等を作成する手法、LLRs を作成する手法、trace data を作成する手法等である。

4 **Naming Conventions**

本章には、コンポーネント名や関数名の命名規約を定める。

5 **Condition on Design**

本章には、ある条件を満たした場合にのみ使用してよい設計手法に対して、その条件、設計手法、使用してよい根拠を記載する。例えば、グローバルデータの使用、割込みの使用等である。

6 **Constraints on Design**

本章には、使用してはならない設計手法について記載する。例えば、再帰関数、動的なメモリ割当て、無条件分岐の使用等である。

7　Complexity Restrictions

本章には、software design の複雑度を低減するための制限を記載する。例えば、プログラムの entry points・exit points の数の制限、ループネストの深さの制限等である。

8　Notation

本章には、software design の作成者が一貫した表記の成果物を作成できるよう、software design 及び関連する成果物の表記法を定義する。

9　Derived LLRs Handling Methods

derived LLRs を作成する場合、その derived LLRs を system process に提供し、評価を受け、承認を受けるための手法・手順を記載する。

10　Design Development Tools

software design を作成するために tool を利用する場合、その tool を利用する手法、また、tool の使用制約等を記載する。

2.1.1.2.3 Software Code Standards (SCStd)

SCStd は、source code を作成するチームのためのガイドであり、一貫性のある source code の作成を保証するものである。 SCStd には、利用するプログラミング言語、source code の開発手法 (trace data の作成方法を含む) 、source code のスタイル (行長の制約、インデントの利用、空白行の利用、ヘッダーレイアウト等) 、関数や変数の命名規約、coding における制約・条件 (複雑度の制約、グローバル変数の利用等) 、また、その他に適用するガイドラインやルールを記述する。

なお、SCStd には、さまざまな業界標準が存在する。中でも MISRA-C は、プロジェクト固有の SCStd を規定する上で、よいインプットとなると言われている。

開発事例	SCStd の記載内容

SCStd の章構成の例を以下に示す：

1 Introduction

本章には、SCStd の目的、適用範囲、使用する略語、参照ドキュメント等を記載する。

2 Programming Language

本章には、利用するプログラミング言語を識別する。また、その言語のサブセットを利用する場合 (例えば、MISRA-C 等) 、その旨も記載する。

3 Source Code Development Methods

本章には、source code の作成者が一貫した手法で成果物を作成できるよう、source code を作成する手法について述べる。例えば、作成すべきファイルの種類や実施すべきデバッグの手法等である。

4 Naming Conventions

本章には、ファイル、関数、変数名の命名規約を定義する。

5 Design Development Tools

本章には、source code を作成するために tool を利用する場合、その tool を利用する手法、また、tool の使用制約等を記載する。

2.1.2 Software Planning Process の Objectives

表 2-2 に、DO-178C Annex A Table A-1: software planning process の objective を示す。基本的に、下記の objective は、本書の 2.1.1 章に記載した software plans と software development standards を作成することで達成される。objective 達成のエビデンスは、plans と standards そのものである。

表 2-2: Software Planning Process における Objective

	Objective		Activity	Applicability by Software Level				Output		Control Category by Software Level			
	Description	Ref	Ref	A	B	C	D	Data Item	Ref	A	B	C	D
1	The activities of the software life cycle processes are defined.	4.1.a	4.2.a 4.2.c 4.2.d 4.2.e 4.2.g 4.2.i 4.2.l 4.3.c	○	○	○	○	PSAC SDP SVP SCMP SQAP	11.1 11.2 11.3 11.4 11.5	① ① ① ① ①	① ① ① ① ①	① ② ② ② ②	① ② ② ② ②
2	The software life cycle (s), including the interrelationships between the processes, their sequencing, feedback mechanisms, and transition criteria, is defined.	4.1.b	4.2.i 4.3.b	○	○	○		PSAC SDP SVP SCMP SQAP	11.1 11.2 11.3 11.4 11.5	① ① ① ① ①	① ① ① ① ①	① ② ② ② ②	
3	Software life cycle environment is selected and defined.	4.1.c	4.4.1 4.4.2.a 4.4.2.b 4.4.2.c 4.4.3	○	○	○		PSAC SDP SVP SCMP SQAP	11.1 11.2 11.3 11.4 11.5	① ① ① ① ①	① ① ① ① ①	① ② ② ② ②	

	Objective		Activity	Applicability by Software Level				Output		Control Category by Software Level			
	Description	Ref	Ref	A	B	C	D	Data Item	Ref	A	B	C	D
4	Additional considerations are addressed.	4.1.d	4.2.f 4.2.h 4.2.i 4.2.j 4.2.k	○	○	○	○	PSAC SDP SVP SCMP SQAP	11.1 11.2 11.3 11.4 11.5	① ① ① ① ①	① ① ① ① ①	① ② ② ② ②	① ② ② ② ②
5	Software development standards are defined.	4.1.e	4.2.b 4.2.g 4.5	○	○	○		SRStd SDStd SCStd	11.6 11.7 11.8	① ① ①	① ① ①	② ② ②	

2.2 Software Planning Phase における Verification

表 2-3 に、DO-178C Annex A Table A-1: software planning phase における verification の objective を示す。

表 2-3: Software Planning における Verification Objective

	Objective		Activity	Applicability by Software Level				Output		Control Category by Software Level			
	Description	Ref	Ref	A	B	C	D	Data Item	Ref	A	B	C	D
6	Software Plans comply with this document.	4.1.f	4.3.a 4.6	○	○	○		SVRs	11.14	②	②	②	
7	Development and revision of software plans are coordinated.	4.1.g	4.2.g 4.6	○	○	○		SVRs	11.14	②	②	②	

objective 6 は、software plans 及び software development standards に DO-178C の objective を達成するための手法が記載されていること、また、DO-178C section 11

"software life cycle data"に規定されている内容を網羅していることを review/analysis により確認することで達成される。

objective 7 は、software plans 及び software development standards に定義されている内容に一貫性があることを review/analysis により確認することで達成される。

なお、review/analysis の結果である SVRs (software verification results) は、本活動のエビデンスとして適切に管理・保存されるべきである。

推奨事項 review 記録について

review の記録は、SVRs として保管されるべきである。一般的に、review のための SVRs には下記の情報が含まれるべきである：

- review 対象のデータ名
- review の実施日と実施時間
- review 参加者及び参加者の役割
- review により完成されたチェックリスト
- review コメント
- review により決められたアクション・アイテムとその結果

推奨事項 analysis 記録について

analysis の記録は、SVRs として保管されるべきである。一般的に、analysis のための SVRs には下記の情報が含まれるべきである：

- 利用した analysis 手順
- analysis 対象のデータ名
- analysis の実施者
- analysis の結果・結論及び実証データ
- アクション・アイテムとその結果

2.3 Software Planning Phase における SCM

表 2-4 に、DO-178C Annex A Table A-8 の SCM の objective を示す。本 phase では、objective 1 から 4 及び 6 が適用される。

表 2-4: SCM Process における Objective

	Objective		Activity	Applicability by Software Level				Output		Control Category by Software Level			
	Description	Ref	Ref	A	B	C	D	Data Item	Ref	A	B	C	D
1	Configuration items are identified.	7.1.a	7.2.1	○	○	○	○	SCM Records	11.18	②	②	②	②
2	Baselines and traceability are established.	7.1.b	7.2.2	○	○	○	○	SCI SCM Records	11.16 11.18	① ②	① ②	① ②	① ②
3	Problem reporting, change control, change review, and configuration status accounting are established.	7.1.c 7.1.d 7.1.e 7.1.f	7.2.3 7.2.4 7.2.5 7.2.6	○	○	○	○	PRs SCM Records	11.17 11.18	② ②	② ②	② ②	② ②
4	Archive, retrieval, and release are established.	7.1.g	7.2.7	○	○	○	○	SCM Records	11.18	②	②	②	②
5	Software load control is established.	7.1.h	7.4	○	○	○	○	SCM Records	11.18	②	②	②	②
6	Software life cycle environment control is established.	7.1.i	7.5	○	○	○	○	SECI SCM Records	11.15 11.18	① ②	① ②	① ②	② ②

objective 1 は、software plans と software development standards を configuration item として識別する (つまり、管理・参照のため、文書番号等の識別子を付与し、適切にバージョンを管理する) ことで達成される。

objective 2 は、software library 内に software plans と software development standards の baseline を適切に確立することで達成される。例えば、planning においては、

review/analysis 対象の plans・standards を保持する baseline、また、release 後の data を保持する baseline の確立等が考えられる。

objective 3 は、release 後の software plans と software development standards に問題が見つかった場合に一連の problem reporting、change control、change review を実施し、また適切に CSA (configuration status accounting) を実行することで達成される。

objective 4 は、archive、retrieval、release の活動を要求するものである。archive 及び retrieve の活動を software planning phase において実施する場合、本 objective は、適切に archive 及び retrieve の活動を実施することで達成される。また、release の対象である CC1 data (CC1 に分類される software plans と software development standards) について、適切に release の活動をすることで達成される。

objective 5 は、integration phase にて software load の手順 (load instructions) を作成することによって達成される objective であり、software planning phase では対象外である。

objective 6 は、ソフトウェア開発に使用する tool を SECI に文書化し、また、tool の EOC を CC1 data 又は CC2 data として管理することで達成される。

なお、software planning における SCM process では、SECI 以外にも、上記活動の際にさまざまな内容・形式の data が作成される。それらを総称して SCM records と呼ぶ。例えば、SCM records として、software library の記録、data の変更履歴、release 記録、CSA 記録等が考えられる。これらは文書形式である必要はなく、tool により管理される data でよい。

2.4 Software Planning Phase における SQA

表 2-5 に、DO-178C Annex A Table A-9 の SQA の objective を示す。本 phase では、objective 1、2、4 が適用される。

表 2-5: SQA process における Objective

	Objective		Activity	Applicability by Software Level				Output		Control Category by Software Level			
	Description	Ref	Ref	A	B	C	D	Data Item	Ref	A	B	C	D
1	Assurance is obtained that software plans and standards are developed and reviewed for compliance with this document and for consistency.	8.1.a	8.2.b 8.2.h 8.2.i	●	●	●		SQA records	11.19	②	②	②	
2	Assurance is obtained that software life cycle processes comply with approved software plans.	8.1.b	8.2.a 8.2.c 8.2.d 8.2.f 8.2.h 8.2.i	●	●	●	●	SQA records	11.19	②	②	②	②
3	Assurance is obtained that software life cycle processes comply with approved software standards.	8.1.b	8.2.a 8.2.c 8.2.d 8.2.f 8.2.h 8.2.i	●	●	●		SQA records	11.19	②	②	②	
4	Assurance is obtained that transition criteria for the software life cycle processes are satisfied.	8.1.c	8.2.e 8.2.h 8.2.i	●	●	●		SQA records	11.19	②	②	②	
5	Assurance is obtained that software conformity review is conducted.	8.1.d	8.2.g 8.2.h 8.3	●	●	●	●	SQA records	11.19	②	②	②	②

objective 1 は、SQA の実施者が以下を保証することで達成される。

- software plans と software development standards が作成されたこと
- DO-178C への準拠に関して verification がなされたこと
- plans と standards の一貫性（一貫性をもって適用できること）について verification がなされたこと

なお、あくまで"保証（assurance）"の実施を要求されており、SQA の実施者が plans 及び standards の開発・verification 自体をする必要はなく、開発・verification が確かに実施されたのだというエビデンスを作成することが求められている。

推奨事項	SQA records について

基本的に、SQA 活動のエビデンスは、SQA records として文書化されるべきである。一般的に、SQA records には下記の情報が含まれるべきとされている。

- 何を、いつ、誰が評価したか
- 評価の基準
- 評価結果（compliance / non-compliance）
- 気付き事項（findings）
- 気付き事項の深刻さ（severity）
- 気付き事項に基づき修正する人、また、その修正期日

objective 2 は、SQA の実施者がプロジェクトの活動の参加・監査により、作成された software plans に基づきプロジェクトが実施されていることを保証することで達成される。software plans からの deviation（逸脱）がある場合、それが適切に記録され、評価され、解決されたことを保証しなければならない。

objective 3 は、planning phase では適用されない。software development standards を実際に利用するのは、planning phase 以降の software development process だからである。

objective 4 は、プロジェクトにおいて、各 software plans に記載した transition criteria が守られていることを保証することで達成される。

objective 5 は、planning phase では適用されない。software conformity review はソフトウェア開発の最終段階で実施される review であるからである。

なお、software planning phase における SQA の成果物を、活動のエビデンスとして確実に作成する必要がある（ただし、その内容・形式はさまざまである）。

2.5 Software Planning Phase における Certification Liaison

表 2-6 に、DO-178C Annex A Table A-10 の certification liaison process の objective を示す。

表 2-6: Certification Liaison Process における Objective

	Objective		Activity	Applicability by Software Level				Output		Control Category by Software Level			
	Description	Ref	Ref	A	B	C	D	Data Item	Ref	A	B	C	D
1	Communication and understanding between the applicant and the certification authority is established.	9.a	9.1.b 9.1.c	○	○	○	○	PSAC	11.1	①	①	①	①
2	The means of compliance is proposed and agreement with the Plan for Software Aspects of Certification is obtained.	9.b	9.1.a 9.1.b 9.1.c	○	○	○	○	PSAC	11.1	①	①	①	①
3	Compliance substantiation is provided.	9.c	9.2.a 9.2.b 9.2.c	○	○	○	○	SAS SCI	11.20 11.16	① ①	① ①	① ①	① ①

objective 1 は、PSAC を作成し、それを認証機関に提出することで達成される。なお、PSAC の提出後も、ソフトウェア認証の申請者と認証機関とのコミュニケーションはプロジェクトを通して継続的に実施される。

objective 2 は、提出した PSAC に関して認証機関から合意を得ることによって達成される。

objective 3 は、一般的に、planning phase においては適用されない。この objective は、認証の最終段階において、SCI 及び SAS を認証機関に提出し、承認されることで達成される。

2.5.1 SOI #1 (Planning Review)

SOI #1 は認証機関による planning review である。本 review は、software plans 及び standards が review/analysis された後に実施される。

SOI #1 は、ある程度の期間を要して認証機関が review するため、認証の申請者が作業している場所ではなく、認証機関の拠点にて実施されることが多い。この場合、認証の申請者と認証機関との連絡・調整は、メールやテレビ電話等を利用して行われることとなる。

SOI #1 の review 対象は、software plans、software development standards 及び関連する SQA と SCM の記録である。評価される objective は、主に Table A-1 (software planning process) である。また、planning に関連のある Table A-8 (SCM process) 、A-9 (SQA process) 、A-10 (certification liaison process) の objective も評価される。一般的に、SOI#1 の review には少なくとも 1 ヶ月かかると言われている。

推奨事項	SOI #1 への準備

一般的に、SOI #1 への準備として、以下を実施する：

- DO-178C section 11 のガイドラインを基に、software plans と software development standards を完成させ、形態管理下に置く。
- software plans と software development standards の verification を実施する。tool qualification が必要な場合、DO-330 のガイドラインに従い、TQP (tool qualification plan) を完成させる。
- software plans を実施した場合、全ての適用される objective が達成されることを保証する。これを保証するため、DO-178C の objective と plans のマッピング情報を作成する (本書の 2.1.1.1.1 章の推奨事項 “適用される全ての objective 達成を保証する”を参照) 。
- job aid の questions に対する応答を用意する。

3 Software Development Process の成果物の全体像

図 3-1 に、software development process の成果物間の関係を示す。灰色の四角で示しているのは system development process の成果物であり、白色の四角で示しているのは software development process の成果物である。基本的に、これらの成果物は、上から下に順番に作成される。実線の矢印は、 (1) data 間の関係を示す双方向の trace data を作成しなければならず、また、 (2) 下位の成果物が上位の成果物に comply (上位の成果物の内容が、適切に下位の成果物に落とし込まれていること。また、そのエビデンスが存在すること) していなければならないものである(注)。矢印の横に、作成根拠である DO-178C の objective 及びその objective が適用される software level を示している。破線の矢印は、data 間の compatibility (整合性) を取らなければならないものである (双方向の trace data の作成は要求されていない) 。また、一点鎖線の矢印は、trace に関する verification を実施しなければならないものである (例えば、complier がトレースできない code を生成していないか等) 。

注　software architecture と source code は実線の矢印で結ばれているが、data 間の関係を示す trace data の作成は要求されていない。

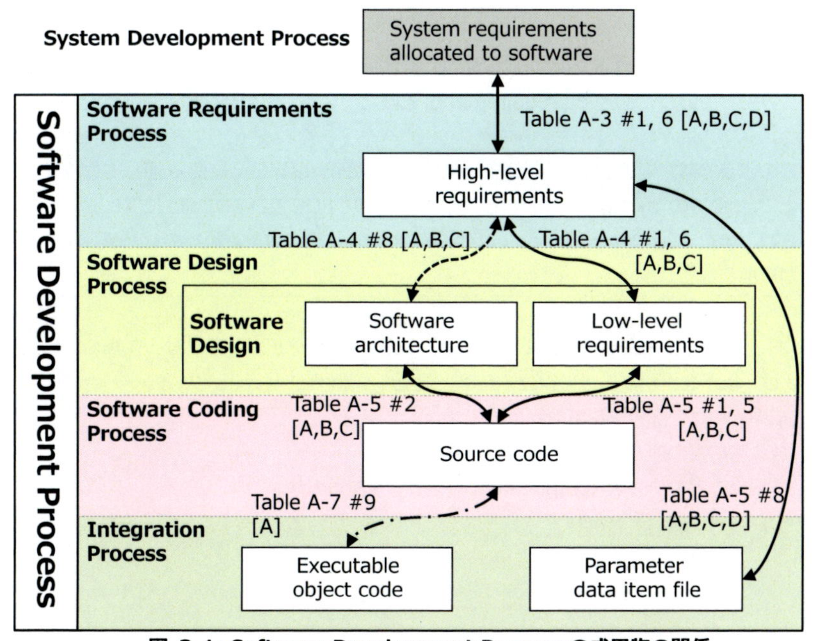

図 3-1: Software Development Process の成果物の関係

開発事例	trace data の重要性

DO-178C の認証において、trace data は非常に重要視されている。その理由は、trace data は system requirements allocated to software (system requirements の中で、ソフトウェアで実現すべきもの) が実現されていることを示すエビデンスとなるからである。

DO-178C の認証では、図 3-1 に示すように、system requirements allocated to software のブレークダウンを繰り返し、最終的に EOC と (必要であれば) PDI file を作成しなければならない。双方向の trace data は、このブレークダウンが完全であることを保証するものである。

ダウントレースは、上位成果物から下位成果物への trace であり、**"全ての"**上位の成果物が下位の成果物に落とし込まれていることの保証を支援するものである。上位の成果物で下位の成果物にトレースされないものが存在する場合、それは、ブレークダウンされていない上位の成果物があるということを示している。

一方、アップトレースは、下位成果物から上位成果物への trace であり、上位の成果物"***のみ"***が下位の成果物に落とし込まれていることの保証を支援する。下位の成果物で上位の成果物にトレースされないものがある場合、それは、要求されていない/意図されていない何かを成果物に埋め込んでいることを示している。

注　DO-178C では、上位の requirements とトレースされない requirements の存在を許容しており、derived requirements と呼んでいる。その詳細は、4.1 章を参照。

このような双方向の trace data を software development process を通して作成することで、**"全ての"**system requirements が最終的に EOC 及び PDI file にブレークダウンされ、また、system requirements***"のみ"***がブレークダウンされたのだと保証することが可能となる。

なお、software development process の成果物への修正が必要となった場合、trace data は、以下を識別するのに役立つため、変更の影響評価にも利用できる。

- 成果物のどの部分が影響を受けるのか。
- 成果物のどの部分を修正する必要があるのか。
- 成果物のどの部分を再 verification する必要があるのか。

推奨事項	trace data の作成時期

正確な trace data の作成のため、各成果物の作成者は、その成果物の作成と同時に、trace data を作成するべきである。例えば、system requirements allocated to software から HLRs を作成する場合、HLRs の作成者は、HLRs の作成と同時に、どの system requirements からどの HLRs を作成したのかを示す trace data を作成するべきである。

同時に作成しない場合、一般的に、trace data の品質は悪化する。その理由としては、後から正確な trace の関係を思い出すことは困難であるからであり、さらに、スケジュール等の都合上、ブレークダウンの意図を把握していない誰かが後から推測で trace data を作成することになってしまう場合もあるからである。

4 Software Requirements Phase

本章では、ソフトウェア要求である HLRs を作成するための software requirements phase について述べる。software requirements phase では、HLRs 及び system requirements allocated to software と HLRs の関係を示す trace data を作成し、これらに対して verification を実施する。また、HLRs の作成に関連のある SCM、SQA、certification liaison の活動も併せて実施する。

4.1 Software Requirements Process

図 3-1 に示す通り、software requirements process は、system process の成果物である system requirements allocated to software を入力とし、それらをブレークダウンし、HLRs を作成する process である。HLRs は、SRStd に従い作成しなければならない。DO-178C における HLRs の定義を以下に示す：

HLR (high-level requirement)
system requirements、安全関連要求及びシステムアーキテクチャから作成される software requirements

DO-178C のプロジェクトでは、system requirements をブレークダウンして HLRs を作成することを基本としている。ただし、system requirements から直接作成されない HLRs の作成も許されており、そのような requirements を derived requirements と呼ぶ：

Derived requirements
software development process において作成される requirements であり、

(a) より上位の requirements に trace できないもの、
かつ/又は、
(b) system requirements や上位の software requirements によって特定されるものを超えた振る舞いを特定するもの

例えば、モニタリング機能のモニタリング周期が system requirements allocated to software では特定されていない場合、そのモニタリング周期を derived requirements として規定してもよい。ただし、derived requirements を作成する場合、全ての derived requirements は system development process 及び safety assessment process に提供され、評価を受け、承認されなければならない。この評価は、derived requirements が、system の安全に負の影響を与えないこと (例えば、新たなハザードを生成しないこと) を保証するために実施するものである。また、この system process における評価を支援するため、derived requirements の作成者は、その derived requirements が必要な理由を明確に記述しておかなければならない。なお、上記で述べた評価実施のため、認証の申請者は、derived requirements に関して system process と調整するための手段を持っていなければならず、その手段を software development standards 及び/又は SDP に定義しなければならない。

また、software level A から D において、system requirements allocated to software と HLRs の双方向の trace data (ダウントレースとアップトレース) を作成する必要がある。

開発事例 HLRs の分類

HLRs は、例えば、以下の 4 種類に分類できる：

(1) mode requirements
(2) functional requirements 及び operational requirements
(3) robustness requirements
(4) その他の requirements

(1) mode requirements

ソフトウェア実行時の運用モードを定義するものであり、状態遷移図を用いて定義する。functional requirements と operational requirements は、基本的に、mode requirements で定義された mode 毎に定義する。mode requirements についての詳細は、本書の 4.1.1.1 章を参照。

(2) functional requirements 及び operational requirements

functional requirements は、software の機能を定義するものである。"機能"とは、「ソフトウェアへ何らかの入力が与えられた時に、ソフトウェアによりどのような出力が生成されるか、また、入力と出力の間に存在する関係の詳細」である。そのため、functional requirements を記述する場合、"ソフトウェア"を主語とし、入出力の関係が分かりやすい STIMULUS-RESPONSE 形式で記述する (詳細は、本書の 4.1.1.1 章を参照) 。また、operational requirements は、システムの操作等に関する requirements である。

(3) robustness requirements

異常な入力がなされても、もしくは、異常な状態になっても、ソフトウェアは正常に動作し続けなければならない。そのため、異常な入力・状態に対しての正しいソフトウェアの応答を robustness requirements として記述しなければならない。なお、DO-178C の testing では、robustness test cases の作成を要求されており、その test case は、基本的には robustness requirements から作成されるべきである。

(4) その他の requirements

その他の requirements としては、例えば、以下のような requirements がある。

- performance requirements
- timing requirements/constraints
- memory size requirements
- hardware/software interface requirements
- failure detection/safety monitoring requirements
- partitioning requirements

上記の requirements については、DO-178C で述べられており、その詳細については本書の 4.1.1.1 章を参照。また、DO-178C には述べられていないが、その他にも、以下のような requirements がある。

- usability requirements (ユーザーにとって使いやすいソフトウェアにするための特徴について述べる requirements)
- portability requirements (ソフトウェアを他の環境やターゲットコンピュータに簡単に移植するための requirements)
- security requirements (機密情報の保護やシステム信頼性のための requirements)
- testability requirements (testing のため、どのような機能がソフトウェアに必要であるかを述べる requirements)

注　上記の 4 つの分類方法はあくまで例であり、その他にもさまざまな requirements の分類方法がある。

注　上記 (1) から (4) の複数の分類属性を持つ requirements も存在する。例えば、robust な functional requirements 、また、functional requirements と performance requirements を同時に述べる requirements 等である。

TIPS	品質の高い HLRs の重要性

DO-178C のプロジェクトにおいて、品質の高い HLRs を作成することは非常に重要である。その理由を以下に示す：

- **HLRs は、software development process の土台である。**
  図 3-1 に示すように、software requirements process で作成した HLRs を土台とし、以降の software development process が実施される。よって、土台となる HLRs の品質が悪い場合、以降の software development process においてさまざまな問題が発生する。一般的に、後工程からの手戻り (ある作業工程の途中で問題が発見され、前の段階に戻ってやり直すこと) が発生する最大の理由は、品質の悪い HLRs のためであると言われている。

- **HLRs は、システム設計チームとソフトウェアチームのコミュニケーション手段として利用される。**
  HLRs が適切に記述されている場合、システム設計チームがその HLRs を読むことにより、意見の相違点等についての議論が可能となる。しかし、HLRs が適切に記述されていない場合、システム設計チームとのコミュニケーションが困難となり、最終的に品質の悪い製品 (システム設計チームが意図していない製品) が出来上がる可能性が高くなる。

- **HLRs は、testing の土台である。**
  DO-178C の testing は、requirements-based testing である。そのため、software requirements (HLRs と LLRs) を入力とし、testing (test cases 作成、test procedures 作成、tests 実行) を実施する。software requirements (HLRs 及び LLRs) の品質が悪い場合、以下の状況が発生し得る:
  - 誤った test cases/test procedures により、tests を実施する。
  - 不完全な test cases/test procedures により、tests を実施する。

上記の状況が発生した場合、tests の結果は、信頼性のないものとなってしまう。

4.1.1 Software Requirements Processの成果物

HLRsを定義するSRD及びsystem requirements allocated to softwareとHLRs の関係を示すtrace dataについて説明する。

4.1.1.1 Software Requirements Data (SRD)

SRDは、HLRs、また、必要であればderived requirementsを定義するものである。以下は、SRDの記載項目である：

(1) allocation of system requirements to software
(2) 各運用モードにおけるfunctional requirements及びoperational requirements
(3) performance criteria
(4) timing requirements/constraints
(5) memory size constraints
(6) hardwareとsoftwareのinterface
(7) failure detectionとsafety monitoring
(8) partitioning requirements allocated to software

注 DO-178Cにおいて、上記の項目のフォーマット及び整理の仕方は規定されていない。つまり、word等の文書形式であってもよいし、ツール等で管理されるdataであってもよい。また、上記の項目について、SRDのsection毎に独立して記載してもよいし、必要であれば複数の項目を併せて記載してもよい。

上記の項目についての詳細を、以下に示す：

(1) allocation of system requirements to software

各system requirements allocated to softwareが、どのHLRsに割当てられるのかを記述する。

注 system requirementsには、DO-178Cに基づくソフトウェアのprocessにて実現すべきもの (system requirements allocated to software) と、DO-254に基づくハードウェアのprocessにて実現すべきもの (system requirements allocated to hardware) がある。この割当て (allocation) は、system development processにて実施される。

(2) 各運用モードにおける functional requirements 及び operational requirements

各運用モードにおける functional requirements（機能に関する要求）と operational requirements (例えば、システムの操作に関する要求) を記述する。

開発事例 mode requirements の作成

ソフトウェア実行時の運用モードを定義するため、mode requirements を定義することがある。一般的に、図 4-1 のように状態遷移図を用いて定義する。

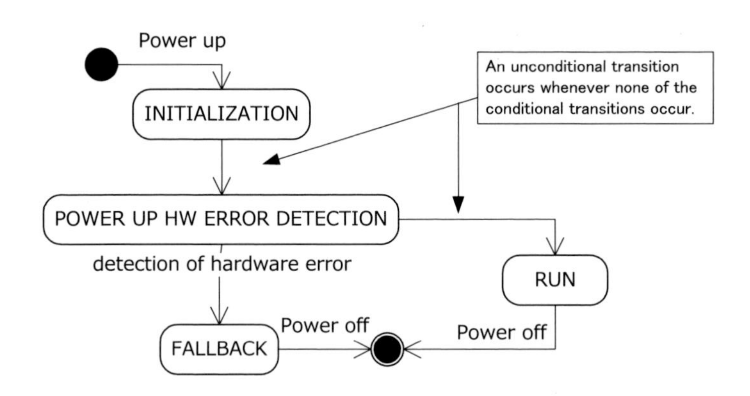

HLR---0000000
The mode of X-software shall be determined as identified in the figure shown above.

図 4-1: Mode Requirements の定義

注　HLR---0000000 は、HLRs の identifier (識別子) である。一般的に、各 requirement には、それを識別する一意の identifier (識別子) を付ける。HLRs identifier の詳細は後述する。

なお、functional requirements と operational requirements は、基本的に、mode requirements で定義された mode 毎に定義する。例えば:

HLR---0100100
If XXX-check fails during INITIARIZATION, XXX-software shall set FAILURE_DETECION to ON.

推奨事項　STIMULUS-RESPONSE 形式で記載する

一般的に、多くの functional requirements は、以下のような STIMULUS - RESPONSE 形式で記述した方がよいとされている：

If STIMULUS is true, then RESPONSE.

STIMULUS は、RESPONSE を引き起こすソフトウェアへの刺激（入力や制約）であり、RESPONSE はその刺激へのソフトウェアの応答である。例えば、以下のように記述する：

- If XXX-command is received during RUN, the software shall set YYY to zero.
  注　XXX-command は、ソフトウェアへの入力、YYY はソフトウェアからの出力である。
- When the XXX-button is depressed for 50 continuous msec during RUN, the software shall set XXX_ACTIVE to true.
- If any of the following are true, the software shall set ERROR to XXX.
  - YYY < 100 degree C
  - ZZZ < 15000 rpm

このように STIMULUS - RESPONSE 形式で記述した場合、ソフトウェアが何を入力とし（STIMULUS）、何を出力する（RESPONSE）のかを明確に記述できる。そのため、requirements のテストケースの作成が容易になる。

開発事例　robustness requirements の例

例えば、以下のような値の正常範囲を定める HLRs があったとする：

The valid Senced_XXX_Temperature shall be:

・　≥ 20 degree C, and

・　≤ 80 degree C.

この時、robustness requirements は、以下のようになる：

- If Sensed_XXX_Temperature is < 20 degree C, the software shall:
  - Set Temperature_Fault to ON, and
  - Use the last valid value for calculations.
- If Sensed_XXX_Temperature is > 80 degree C, the software shall:
  - Set Temperature_Over to ON, and
  - Use the last valid value for calculations.

(3) performance criteria

performance に関する基準を記述する。例えば、精度 (precision) や正確度 (accuracy) について記述する。

開発事例	performance requirements について

performance criteria を記述するための requirement である performance requirements は、non-functional requirements の一つであり、システムやデータ等の量・質・適時性等を特定するものである。performance requirements は、functional requirements のように機能を特定するものではなく、functional requirements で定められた機能の成否を決定するための特性を特定する。なお、performance requirements において述べられた特性は、測定可能な用語で表現されていなければならない (曖昧な用語で表現されてはならない) 。以下に、performance requirements の例を示す：

- The Current Temperature shall be sensed to an accuracy of ± 0.1 degree C.
- The software shall compute XXX-position with an accuracy of ± 10 ft. in the horizon.
- The XXX timer signal shall be accurate to within 0.1 seconds over 24 hours of continuous operations.

(4) timing requirements/constraints

タイミング要求やタイミング制約を記述する。

開発事例	timing requirements について

timing requirements は、non-functional requirements の一つであり、タイミングに関する要求を記述するものである。例えば、応答時間 (response time) 等である。また、設計制約等により課される timing に関する制約・条件等があれば、それを記述する。

timing requirements も、測定可能な用語で表現されていなければならない。以下に、timing requirements の例を示す：

- The software shall complete XXX-initialization within 300 msec after the YYY.
- The software shall have a minimum 25 % margin on throughput.
- The software shall respond to XXX in less than 10 msec.

(5) memory size constraints

メモリサイズの制約を記述する。

開発事例 メモリに関する requirements について

メモリに関する requirements は、メモリサイズの制約、メモリマージンの要求（メモリマージンの計算方法の定義も併せて）について述べるものである。例えば:

- The YYY-memory margin shall be measured as XXX.
- The YYY-memory margin shall be > 50 %.

(6) hardware と software の interface

ハードウェアとソフトウェアのインタフェースを記述する。

開発事例 interface requirements について

interface requirements は、non-functional requirements の一つであり、ソフトウェアとハードウェアの境界を定義するものである。例えば、software/hardware interface requirements は、以下について定義する：

- ハードウェアからソフトウェアに受け渡されるデータ、また、
- ソフトウェアからハードウェアへ受け渡すデータ

なお、定義においては、データのタイプ、範囲、単位、入出力周期、データ入出力のメカニズム（例えば、analog-to-digital conversion）等を記述すべきである。software/hardware interface requirements の例を以下に示す：

- XXX_Status shall be transmitted in ARINC429 Label 136 with the following characteristics:
  - 0x0000 ≤ (Data Portion) ≤ 0x5FFF -> No_Fault
  - 0x6000 ≤ (Data Portion) ≤ 0xFFFF -> Hardware_Fault
  - Specific bits are identified in Table XXX.

また、software/software interface requirements を定義することもある。これは、あるコンポーネントから、他のコンポーネントに受け渡されるデータを定義するものである。

(7) failure detection と safety monitoring

software が故障を検出/監視/制御する場合、failure detection や safety monitoring の requirements を記述する。例えば、ソフトウェアがハードウェア・ソフトウェアに異常がないかを判定する requirements 等である。

(8) partitioning requirements

partitioning 要求、partitioning されたソフトウェアコンポーネント間の通信方法、各 partition のソフトウェアレベルについて記述する。

推奨事項	品質の高い requirement が備えるべき特徴について

以下に、品質の高い requirements が備えるべき特徴を示す。なお、SRStd には、下記の特徴を備えるためのガイドライン・ルールを記載すべきである。

- **明確性 (unambiguous)**

  requirements は、複数の人がそれを読んだ場合であっても、その解釈がひとつとなるよう記述されるべきである。明確性を備えた requirements を記述するための方法としては、以下がある：

  - requirements (特に functional requirements) をできる限り能動態で記述する。能動態で記載することにより、requirements の主体が明確になる。
  - 正しい文法、正しいスペリングで、requirements を記述する。
  - 文章の修飾関係が一意に定まるよう requirements を記述する。
  - 代名詞は極力避ける。代名詞の代わりに、その元となる名詞を繰り返して使用した方がよいと言われている。
  - 意味が不明瞭な用語の使用は避ける。例えば、enough、better、higher、sufficient、sometimes、as much as possible 等である。
  - ソフトウェアエンジニアではないシステム設計チームやユーザーにとっても分かりやすい requirements となるよう注意を払う。
  - 読み手に明らかではない requirements 部分に対して根拠を記述する。例えば、なぜその requirements が必要であるのか、なぜその値が指定されているのか等である。根拠を記述することにより、requirements の理解が円滑になる。さらに、根拠を考えるプロセスを requirements 開発者に課すことにより、requirements の品質が向上すると言われている。

- **完全性 (complete)**

  requirements は、それ単独で requirement として成立するため、必要な情報を全て含んでいなければならない。完全性を備えた requirements を記述するための方法としては、以下がある：

- ➢ 完成品の requirements から TBD (未定) の箇所をなくす (少なくとも、requirements の verification までに)
- ➢ requirements を理解するために必要な情報を記述する。
- ➢ requirements に必要ではない情報を記述しない。

● **一貫性 (consistent)**

requirements は、他の requirements と整合していなければならず、また、自己矛盾していてはならない。一貫性を備えた requirements を記述するための方法としては、以下がある：

- ➢ requirements を論理的なグループでまとめ、文書化する (一般的に、主となる機能によってまとめ、文書化する) 。
- ➢ requirements の冗長性を最小限にする。
- ➢ 同じ意味を持つ用語は、同じ表現で記述する。
- ➢ 異なる意味を持つ用語は、異なる表現で記述する。
- ➢ 略語リストを作成する。
- ➢ requirements の記述の粒度を一定に保つ。

● **検証可能性 (verifiable)**

全ての requirement は、 (1) testing (2) analysis (3) review のいずれかによって、その requirements が正しく source code に実装されていることを確認されなければならない。testing が最も推奨される手法である。これは、testing が、requirements の実装を最も直接確かめることができるからである。検証可能性を備えた requirements を記述するための方法としては、以下が考えられる：

- ➢ 各 requirement には、一意の識別子を付ける。
- ➢ ”shall”を用いて記述する。何が要求であり、何が補足情報であるかを識別するためである。”shall”で記述された要求は、testing (又は、review や analysis) により、その実装を確認しなければならない。
- ➢ requirements を簡潔にするため、1 つの requirement には、1 つの”shall”を用いる。
- ➢ requirements を定量的な用語を用いて記述する。また、値の許容誤差を記述する。
- ➢ 値の範囲に関しては、その境界値を”含む or 含まない”の区別を明確にする。
- ➢ “否定要求”の使用を避ける。否定要求は、ソフトウェアがしないことを述べる requirements である。一般的に、”しないこと”を証明することは困難である。

- **SRStd への準拠 (conformance)**

  requirements は、SRStd に従って作成されなければならない。

- **ターゲットコンピュータとの整合性 (compatibility)**

  requirements には、software が実行されるターゲットコンピュータの能力の上限を超えた記述をしてはならない。例えば、ターゲットコンピュータの処理速度、サポートしている入出力、利用可能なメモリ領域等を考慮する必要がある。

- **トレーサブル (traceable)**

  requirements は、その元となった requirements にトレース可能でなければならない。ただし、derived requirements は元となった requirements とトレースされない（その存在理由を明確に記述しなければならない）。

開発事例 requirements のレイアウトについて

SRStd に記述する requirements のレイアウトの一例を以下に示す。requirement identifier 欄には、その requirement を一意に識別するための識別子を記載する（詳細は後述する）。requirement contents 欄には、その requirement の本文を記述する。rationale 欄には、明らかではない requirement 部分（例えば、なぜその requirements が必要であるのか、なぜその値が指定されているのか等）に関して、その根拠を記載する。verification methods 欄は、その requirements の実装を、(1) testing、(2) analysis、(3) review のどの verification 手法で確認するかの計画を記す。また、必要であれば design support 欄を記述する。この欄は、設計者への支援情報を記述するものであり、例えば HLRs で記述されている内容を設計に落としこむ時に参照が必要となるハードウェアマニュアル等を記述するものである。parent requirements 欄には、親である requirements を分かりやすくするため、"Covers"という識別文字と共に、作成元となった requirements の識別子を記載する（なお、"Covers"という文字列は、requirements traceability tool によって自動的に trace data を抽出・作成する際の識別子として用いた）。

[Requirement identifier]
[Requirement contents]
- Rationale: [Rationale]
- Verification methods: [Verification methods]
- Design support: [Design support]

Covers [Parent Requirements]

上記のレイアウトに従って記述した例を、以下に示す：

HLR-r-0200100

If the XXX-Mode is FAILED during RUN, the YYY-Software shall set Display Temperature to “UNSPECIFIED”.

- Rationale: If the XXX-Mode is FAILED, the value of Display Temperature is not meaningful and should not be used.
- Verification methods: The implements of this requirement will be confirmed by HW/SW integration testing.
- Design support: For the details of YYY-hardware, see YYY technical reference guide.

Covers SYSTEM_01010, SYSTEM_01020

開発事例 HLRs identifier の命名規則について

HLRs identifier の命名規則の一例を以下に示す。SRStd には、命名規約のためのガイドライン・ルールを記載すべきである。

HLRxyz $F_2F_1N_3N_2N_1Rev_2Rev_1$

HLR	常に"HLR"であり、この requirement が HLRs であることを示す。
x	derived requirement であるかどうかを識別する。derived requirement であるかを識別子で判別できるようにするためである。 d : derived requirement である場合 - : derived requirement でない場合
y	robustness requirement であるかどうかを識別する。robustness requirement であるかを識別子で判別できるようにするためである。 r : robustness requirement である場合 - : robustness requirement でない場合
z	安全に関わる requirement であるかどうかを識別する。安全に関わる requirement であるかを識別子で判別できるようにするためである。 s : 安全に関わる requirement である場合 - : 安全に関わる requirement でない場合
F_2F_1	HLRs が属すフィーチャ（機能グループ）の識別番号を示す（**F_1** が 1 桁目、**F_2** が 2 桁目である）。例えば、Software の機能を大きくグルーピングし、01 が"initialization"、02 が"power-up HW error detection check"、03 が"normal XX control"等である。これは、requirements の identifier を見れば、その requirements がどのフィーチャに属するものかを判別できるようにするため設定するものである。
$N_3N_2N_1$	HLRs を識別するための連番を示す（**N_1** が 1 桁目、**N_2** が 2 桁目、**N_3** が 3 桁目である）。
Rev_2Rev_1	HLRs の連番の予備領域である。初期段階では共に 0 で埋めておき、後から HLRs の連番の間に新たな HLRs を挿入したくなった場合、この予備領域を利用する。例えば、HLR---0100100 と HLR---0100200 の間に新たな HLRs を挿入したくなった場合、HLR---0100150 という識別子を作成する。

4.1.1.2 Trace Data

software requirements process では、system requirements allocated to software と HLRs の trace data を作成する必要がある。ただし、DO-178C においては、trace data のフォーマット、また、記載場所は特に規定していない。

開発事例	system requirements と HLRs の関係を示す trace data の記述

system requirements と HLRs の関係を示す trace data は traceability matrix の形式で記述されることが多い。双方向の traceability matrix の例を、表 4-1 (ダウントレースの例) 及び表 4-2 (アップトレースの例) に示す。

なお、SRD に traceability matrix のための section を設け、双方向の traceability matrix を文書化した。一覧形式の traceability matrix を記載する利点は、Trace の誤りの発見が容易になることである。例えば、子の requirements があるべきであるのに子が存在しない requirements、また、親の requirements があるべきであるのに親が存在しない requirements の発見が容易になる。また、derived requirements の識別が容易になるという利点もある。例えば、表 4-2 における HLRd--0200300 は derived requirements であり、親となる requirements が存在しないため、右列が"None"となり、derived requirements であることが容易に分かる。また、一覧形式の traceability matrix を記載する欠点は、手動にて traceability matrix を作成する場合、その過程において誤りが発生する可能性が高いことである。この作業は、traceability tool を利用して、できるだけ自動化すべきである。

表 4-1: ダウントレースの例

System requirements Allocated to Software	HLRs
SYSTEM_01010	HLR---0301200
	HLR---0301700
	HLR---0301805
	HLR---0301915
	HLR---0302000
SYSTEM_01020	HLR---0700500
	HLR---0700500
…	…

表 4-2: アップトレースの例

HLRs	System requirements Allocated to Software
HLR---0200100	SYSTEM_01520
HLR---0200213	SYSTEM_01470
	SYSTEM_02480
HLRd--0200300	None
…	…

なお、SRStd には、trace data 作成方針 (例えば、trace data を traceability matrix 形式で記述すること、また、traceability matrix のフォーマット等) について、述べるべきである

4.1.2 Software Requirements Process の Objectives

表 4-3 に、DO-178C Annex A Table A-2: software development process の objective のうち、software requirements process の objective を示す。基本的に、下記の objective は、本書の 4.1.1 章にて説明した SRD 及び trace data を作成することで達成される。objective 達成のエビデンスは、SRD 及び trace data そのもの、また、derived requirements が system process により評価・承認されたことを示す記録である。

表 4-3: Software Requirements Process の Objective

	Objective		Activity	Applicability by Software Level				Output		Control Category by Software Level			
	Description	Ref	Ref	A	B	C	D	Data Item	Ref	A	B	C	D
1	HLRs are developed.	5.1.1.a	5.1.2.a 5.1.2.b 5.1.2.c 5.1.2.d 5.1.2.e 5.1.2.f 5.1.2.g 5.1.2.j 5.5.a	○	○	○	○	SRD	11.9	①	①	①	①
								Trace Data	11.21	①	①	①	①
2	Derived HLRs are defined and provided to the system processes, including the system safety assessment process.	5.1.1.b	5.1.2.h 5.1.2.i	○	○	○	○	SRD	11.9	①	①	①	①

4.2 Software Requirements Phase における Verification

表 4-4 に、DO-178C Annex A Table A-3 の software requirements phase における verification の objective を示す。

表 4-4: Software Requirement Process における Verification Objective

	Objective		Activity	Applicability by Software Level				Output		Control Category by Software Level			
	Description	Ref	Ref	A	B	C	D	Data Item	Ref	A	B	C	D
1	HLRs comply with system requirements.	6.3.1.a	6.3.1	●	●	○	○	SVRs	11.14	②	②	②	②
2	HLRs are accurate and consistent.	6.3.1.b	6.3.1	●	●	○	○	SVRs	11.14	②	②	②	②
3	HLRs are compatible with target computer.	6.3.1.c	6.3.1	○	○			SVRs	11.14	②	②		
4	HLRs are verifiable.	6.3.1.d	6.3.1	○	○	○		SVRs	11.14	②	②	②	
5	HLRs conform to standards.	6.3.1.e	6.3.1	○	○	○		SVRs	11.14	②	②	②	
6	HLRs are traceable to system requirements.	6.3.1.f	6.3.1	○	○	○	○	SVRs	11.14	②	②	②	②
7	Algorithms are accurate.	6.3.1.g	6.3.1	●	●	○		SVRs	11.14	②	②	②	

objective 1 は、HLRs が system requirements allocated to software の内容を完全に網羅しながらブレークダウンしていることを review/analysis により確認することによって達成される。また、derived requirements がある場合、その存在理由が適切に記述されていることも確認しなければならない。objective 1 を analysis で達成する場合の例を" [開発事例] objective 1 に対する analysis の実例"に示す。

objective 2 は、HLRs が正確で一貫していることを review/analysis により確認することによって達成される。本書の 4.1.1.1 章で述べた"品質の高い requirement が備えるべき特徴"における「明確性」、「完全性」、「一貫性」の特徴は、review のためのチェックリストや analysis の観点の参考となる。例えば、「意味が不明瞭な用語は使用されていないか」、「TBD の箇所がないか」、「同じ意味を持つ用語は、同じ表現で記述されているか」等である。

objective 3 は、HLRs で記述していることがターゲットコンピュータと整合していることを review/analysis により確認することによって達成される。例えば、本書の 4.1.1.1 章で述べた"品質の高い requirement が備えるべき特徴"における「ターゲットコンピュータとの整合性」は、review のためのチェックリストや analysis の観点の参考となる。

objective 4 は、HLRs が検証可能であることを review/analysis により確認することによって達成される。本書の 4.1.1.1 章で述べた"品質の高い requirement が備えるべき特徴"における「検証可能性」の特徴は、review のためのチェックリストや analysis の観点の参考となる。例えば、「各 Requirement には、一意の識別子が付けられているか」、「各要求は定量的な用語を用いて記述されているか」等である。

objective 5 は、SRStd の中で守らなければならないとされているルールに従って、HLRs が作成されていることを review/analysis により確認することによって達成される。

objective 6 は、HLRs と system requirements allocated to software が正しくトレースされること (全ての system requirements allocated to software が HLRs とトレースされていること、また、derived requirements を除く全ての HLRs が system requirements allocated to software とトレースされていること) を review/analysis により確認することによって達成される。

objective 7 は、HLRs に提案されているアルゴリズムの正確性を、適切なバックグラウンドを持つ人 (例えば、数学的なバックグラウンドを持つ人や system の深い知識を持つ人等) による analysis により確認することによって達成される。

開発事例 objective 1 に対する analysis の実例

objective 1 を例に取り、analysis の実施例を示す。例えば、objective 1 を確認するための analysis の観点として、SVP には以下の 3 つの観点が記載されている。"HLR-CWS-0X"という番号は、観点を識別するための ID であり、その後の文章が実際の観点の内容である。

HLR-CWS-01:
各 system requirements allocated to software に対して、HLRs が存在するか。

HLR-CWS-02:
system requirements からブレークダウンされた HLRs が、その system requirements の全ての側面を網羅しているか。

HLR-CWS-03:
derived requirements は、その内容が適切であり、その存在理由が十分に説明されており、また、system チームよって承認されたエビデンスが存在するか。

また SVP には、上記の観点を確認するための確認フォームとして、表 4-5 に示すようなフォームが用意されている（HLR-CWS-01 の観点の場合）。確認対象の観点は、system requirements と HLRs の内容を比較し確認するものであるため、1 列目と 2 列目は SRD 等から抽出してきたダウントレースを記述するための列である。また、3 列目と 4 列目のヘッダ部分には、観点の ID 及び観点の内容が記載されている。

表 4-5: 確認フォームの例（HLR-CWS-01 の場合）

System requirements allocated to software	HLRs	HLR-CWS-01	
		各 system requirements allocated to software に対して、HLRs が存在するか。	NOTES
system requirement ID	HLR ID	PASS or FAIL	気付き事項
	HLR ID		
	HLR ID		
system requirement ID	HLR ID	PASS or FAIL	気付き事項
…	…	…	…

実際の analysis 時には、表 4-5 の確認フォームをエクセル等に貼付け、analysis を実施することとなる。まず、1 列目と 2 列目に、SRD 等から抽出してきたダウントレース

を記載する。その後、system requirements と HLRs の内容を比較し、3 列目に PASS 又は FAIL の analysis 結果を記載していくこととなる。また、4 列目の NOTES 列には analysis における気付き事項を記載する。HLR-CWS-02 の analysis に関して、実際に analysis を実施した例を、表 4-6 に示す。

表 4-6: HLR-CWS-02 の Analysis 結果例

System requirements allocated to software	HLRs	HLR-CWS-02	
		system requirements からブレークダウンされた HLRs が、その system requirements の全ての側面を網羅しているか。	NOTES
SYSTEM_01010	HLR---0301200 HLR---0301700 HLR---0301800	PASS	None.
SYSTEM_01020	HLR---0600500	FAIL	XXX が HLRs に記述されていない。
…	…	…	…

4.3 Software Requirements Phase における SCM

表 2-4 に、DO-178C Annex A table A-8 の SCM の objective を示す。本 phase では、objective 1 から 4 及び 6 が適用される。

objective 1 は、SRD 及び trace data を configuration item として識別する (つまり、管理・参照のため、文書番号等の識別子を付与し、適切にバージョンを管理する) ことで達成される。

objective 2 は、software library 内に SRD 及び trace data の baseline を適切に確立することで達成される。例えば、review/analysis 対象の SRD 及び trace data を保持する baseline、また、release 後の SRD 及び trace data を保持する baseline の確立等が考えられる。

objective 3 は、release 後の SRD 及び trace data に問題が見つかった場合に一連の problem reporting、change control、change review を実施し、また適切に CSA を実行することで達成される。

objective 4 は、archive、retrieval、release の活動を要求するものである。archive 及び retrieve の活動を software requirements phase において実施する場合、本 objective は、適切に archive 及び retrieve の活動を実施することで達成される。また、release の

対象であるCC1 data (software level AからDにおいて、SRD及びtrace data) について、適切にreleaseの活動をすることで達成される。

objective 6は、ソフトウェア開発に使用するtoolをSECIに文書化し、また、toolのEOCをCC1 data 又はCC2 dataとして管理することで達成される。

4.4 Software Requirements PhaseにおけるSQA

表 2-5に、DO-178C Annex A Table A-9のSQAのobjectiveを示す。本phaseでは、objective 2から4が適用される。

objective 2は、SQAの実施者がプロジェクトの活動に参加・監査することにより、作成されたsoftware plansに基づきプロジェクトが実施されていることを保証することで達成される。なお、software plansからのdeviation (逸脱) がある場合、それが適切に記録され、評価され、解決されたことを保証しなければならない。

objective 3は、SQAの実施者がプロジェクトの活動に参加・監査することにより、作成されたSRStdに基づき成果物 (SRD) が作成されていることを保証することで達成される。

objective 4は、プロジェクトにおいて、各software plansに記載したtransition criteriaが守られていることを保証することで達成される。

4.5 Software Requirements Phaseにおける Certification Liaison

表 2-6に、DO-178C Annex A Table A-10のcertification liaison processのobjectiveを示す。ただし、本phaseにおいて適用されるobjectiveはない。

推奨事項	SASの記載時期について
SASは認証の最終段階において認証機関に提出するものであるが、software requirements phaseから記述出来る箇所は記述した方がよいと考える。SASには承認されたplansやstandardsからの逸脱を記述するが、software requirements phaseにて既に逸脱が発生している場合、忘れないうちにその内容をSASに記述した方がよいと考えるからである。なお、逸脱については認証機関と調整しなければならない。場合によっては、逸脱は認められず、plans・standardsの修正、また、SRDの修正という結果になる可能性もある。	

5 Software Design Phase

本章では、ソフトウェア設計である software architecture と LLRs を作成するための software design phase について述べる。software design phase では、software architecture、LLRs 及び HLRs と LLRs の関係を示す trace data を作成し、これらに対して verification を実施する。また、software design に関連のある SCM、SQA、certification liaison の活動も併せて実施する。

5.1 Software Design Process

図 3-1 に示している通り、software design process では、software requirements process の成果物である HLRs を入力とし、software architecture 及び LLRs を作成する process である。software architecture 及び LLRs は、SDStd に従い作成されなければならない。DO-178C における software architecture 及び LLRs の定義を以下に示す：

software architecture

software requirements を実現するために設計されたソフトウェア構造 (software structure)

LLR (low-level requirement)

HLRs、derived requirements、設計の制約から作成される software requirements で、それ以上の情報なしで source code を直接実装することができるもの

注 requirements (HLRs 及び derived HLRs) からではなく設計の制約を基に作成される LLRs は derived LLRs となる。例えば、演算精度を高めるためのアルゴリズムを新たに実装する必要がある場合、そのアルゴリズムを定義するための LLRs は derived LLRs となる。

software architecture は、HLRs で定義した機能をブレークダウンし、論理的なソフトウェア構造へと再グループ化したものである。software architecture の作成後、ソフトウェアの詳細設計を始め、LLRs 及び derived requirements を作成する。

また、software level A から C において、HLRs と LLRs の双方向の trace data を作成する必要がある。

開発事例	HLRs と LLRs の比較

HLRs も LLRs は、どちらも software requirements である。そのため共通点もあるが、当然、異なる点もある。

共通点としては、どちらも testing しなければならないことである。DO-178C は requirements-based testing を要求しているため、HLRs と LLRs の両方から test cases 及び test procedures を作成し、tests を実施し、requirements が正しく source code に落とし込まれていることを確認しなければならない。よって testing しやすいような requirements を記述することは重要である。また、LLRs は requirements であるため、本書の4.1.1.1章で述べた"品質の高い requirements が備えるべき特徴"を備えるべきである。

一方、異なる点は、何に焦点を当てて記述するか、である。HLRs はソフトウェアとして"何"を実現すべきかを定義するものであり、LLRs は"どうやって"実現するかを定義するものである。

5.1.1 Software Design Process の成果物

software architecture 及び LLRs を定義する design description 及び HLRs と LLRs の関係を示す trace data について説明する。

5.1.1.1 Design Description

design description は、software architecture と LLRs を定義するものである。以下は、design description の記載項目である:

- 詳細な記述
- software architecture
- input / output の記述
- data flow と control flow
- リソースの制限
- スケジューリング手順、プロセッサ間・タスク間のコミュニケーションメカニズム
- 設計手法
- partitioning 手法と手段
- software components の記述
- derived requirements
- deactivated code について
- 設計判断の根拠

上記の項目についての詳細を、以下に示す：

- **詳細な記述**

  HLRs にて規定された要求を、ソフトウェアがどのように実現するかの詳細な記述である。DO-178C において、LLRs は「それ以上の情報なしで直接ソースコードを実装できる requirements」と言われている。そのため、LLRs には、source code 作成時に熟考を必要としないレベルの詳細な記述が必要となる。

- **software architecture**

  software architecture は、software requirements を実現するためのソフトウェア構造を定義するものである。多くの software architecture はコンポーネントとコネクタを持つ。一般的に、コンポーネントは機能を表現し、コネクタは機能間の相互作用（data や control）を表現する。

- **input/output の記述**

  software architecture の内部データ・外部データについて記述する。例えば、data dictionary を用いて各データの名前、説明、送信・受信レート、分解能、値の範囲、単位、どのコンポーネントで利用されるか等を整理する手法がある。

- **data flow と control flow**

  data flow は、software architecture に記載されているコンポーネント間のデータ入出力に関する相互作用（例えば、どのコンポーネントでデータを生成し、どのコンポーネントにデータを受け流すか等）を定義するものである。

  control flow は、software architecture に記載されているコンポーネント間のコントロールに関する相互作用（例えば、コンポーネントの実行の順序、実行間隔、条件による実行、割込み等）を定義するものである。

  なお、一般的に、設計変更時の影響範囲を小さくするため、コンポーネント間の相互依存の関係は最小化されるべきであると言われている。

- **リソース制限**

  software architecture に関連し、リソースの制限（例えば、どれくらいのメモリが利用可能であるか）及びその制限を管理するための方策（どの機能が、いつ、どれくらいのリソースを利用するのか等）を記述する。

- **スケジューリング手順、プロセッサ間・タスク間のコミュニケーションメカニズム**

  スケジューリング手順、プロセッサ間・タスク間のコミュニケーションメカニズムについて記述する。例えば、利用するスケジューリング方式 (時間によるスケジューリング、優先度によるスケジューリング等) 、また、割込み等について記述する。

- **設計手法**

  user-modifiable software、multiple-version dissimilar software 等を利用する場合、その設計手法を記述する。

- **partitioning 手法と手段**

  partitioning を利用する場合、その手法と手段について記述する。partitioning を利用する場合、コンポーネント間の data flow と control flow の相互作用と独立性について、入念に設計される必要がある。

- **software components の記述**

  software architecture に記載されている各コンポーネントについて、その説明を記述する。

- **derived requirements**

  software design process で生じた derived requirements (HLRs のレベルでは規定されていなかった設計の詳細) を記述する。

- **deactivated code について**

  deactivated code が計画されている場合、deactivated code が active code に負の影響を与えないよう設計しなければならない。そのため、deactivated code の利用を意図していない環境にて、その deactivated code が有効化されないことを保証するための手段を記述する必要がある。

- **設計判断の根拠**

  設計における判断の根拠を記述する。設計判断の文書化は、設計のメンテナンスしやすさ、また、検証のしやすさを向上させる。

開発事例	software architecture 及び LLRs 作成の流れ

software architecture 及び LLRs の作成を、大きく 3 つのステップで実行する：

Step 1. HLSA (high-level software architecture) の作成
Step 2. LLSA (low-level software architecture) の作成
Step 3. LLRs の作成

Step 1. HLSA (high-level software architecture) の作成

HLSA は、コンポーネント及びコンポーネント間のインタフェースを定義するトップレベルの software architecture である。HLSA として、以下の設計図を作成する：

i. 階層構造の software architecture

HLRs を実現するために抽象化を意識してコンポーネントを識別し、識別した各コンポーネントを階層構造に配置した図である。詳細は、[開発事例] Step 1-i を参照。

ii. data flow 図

階層構造の software architecture にて識別したコンポーネントに対し、コンポーネント間のデータ入出力に関する相互作用を定義した図である。詳細は、[開発事例] Step 1-ii を参照。

iii. control flow 図

階層構造の software architecture にて識別したコンポーネントに対し、コンポーネント間のコントロールに関する相互作用を定義した図である。詳細は、[開発事例] Step 1-iii を参照。

iv. コンポーネントインタフェース図

作成した data flow 図と control flow 図の詳細化のため、相互作用の手段を具体化 (コンポーネントの外部公開関数と外部公開データを定義) した図である。詳細は、[開発事例] Step 1-iv を参照。

Step 2. LLSA (low-level software architecture) の作成

LLSA は、コンポーネント内のインタフェースを定義するローレベルの software architecture である。LLSA として、以下の設計図を作成する:

i.　コンポーネント内 control flow 図

各コンポーネント内に必要な関数を識別し、外部公開関数も含めたコールツリーを定義した図である。詳細は、[開発事例] Step 2-i を参照。

ii.　コンポーネント内 data flow 図

コンポーネント内共有データ (そのコンポーネント内の関数のみから参照・更新されるデータ) が、コンポーネント内の各関数からどのように参照・更新されるかを定義した図である。詳細は、[開発事例] Step 2-ii を参照。

Step 3.LLRs の作成：

HLSA 及び LLSA の設計結果から、LLRs を作成する。LLRs としては、以下の 2 種類を作成する:

i.　function LLRs

関数を定義する LLRs である。1 関数につき、1 つの LLRs として記述する。

ii.　data LLRs

コンポーネント内共有データを定義する LLRs である。

上記、2 種類の LLRs のレイアウト等については、[開発事例] Step 3 を参照。

開発事例　Step 1-i: 階層構造の software architecture

階層構造の software architecture を作成する手法がある。例えば、抽象化を意識し、以下の 3 階層とする：

(1 層目) ハードウェア抽象化層 (hardware abstraction layer)

ソフトウェアが動作するマイコンを抽象化する層であり、マイコンと直接データの受け渡しをするための software component を配置する層である。仮にマイコンやインタフェース用チップが変更されても、この層の software components を変更するのみでよいように (上位のミドルウェア層に影響を与えないように) 設計する。

(2 層目) ミドルウェア層 (middleware layer)

通信プロトコルやパケットフォーマット等を抽象化する層であり、1 層目のハードウェア抽象化層と 3 層目のアプリケーション層の仲介をするための software components を配置する層である。例えば、ハードウェア抽象化層から ARINC429 形式のデータを受け取り、工学値などの意味の分かるデータに変換し、アプリケーション層に渡す software component を配置する。

(3 層目) アプリケーション層 (application layer)

実際に実現したい機能を実行する software components を配置する層である。例えば、(1) 現在の throttle lever の位置及び (2) 目標の throttle lever の位置、の 2 入力を ARINC429 により受け取り、その差分を計算し、再度、ARINC429 形式で出力する機能について考える。この場合、上記の 3 層構造の software architecture は以下のようになる (四角で示しているのが software components である) :

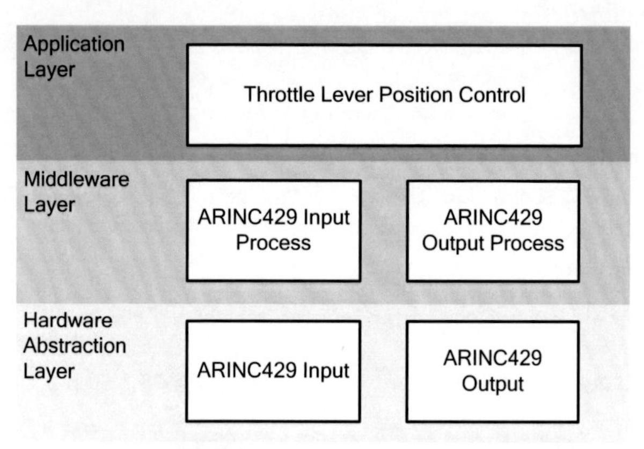

図 5-1: 階層構造の software architecture の例

図 5-1 に記載している各 software component の説明を以下に示す。

- **ARINC 429 Input**

  本 component は、ARINC429 データの到着を知らせる割込みが起きた場合、32 ビットの ARINC429 形式のデータを取り込む (ARINC429 receive チップとの手続きを抽象化する) 。

- **ARINC 429 Input Process**

  本 component は、ARINC429 Input から受け取ったデータを抽出し、アプリケーション層のコンポーネントが直接解釈できる形に変換する。例えば、ARINC の label 及びデータ領域から、以下の情報を抽出、変換する。

  - 現在の throttle lever の位置
  - 目標の throttle lever の位置

- **Throttle Lever Position Control**

  本 component は、ARINC429 Input から受け取ったデータの差分を計算する。

- **ARINC 429 Output Process**

  本 component は、Throttle Lever Positon Control から受け取ったデータを、32bit の ARINC 429 形式のデータに変換する。

- **ARINC 429 Output**

  本 components は、送信する 32 ビットの ARINC429 形式のデータをレジスタにセットする（ARINC429 transmit チップとの手続きを抽象化する）。

開発事例 Step 1-ii: data flow 図

data flow 図の例を以下に示す。四角で示されているのが software component であり、矢印で示されているのが software component 間で受け渡されるデータの流れである。また、データの詳細は、data dictionary に記述する。

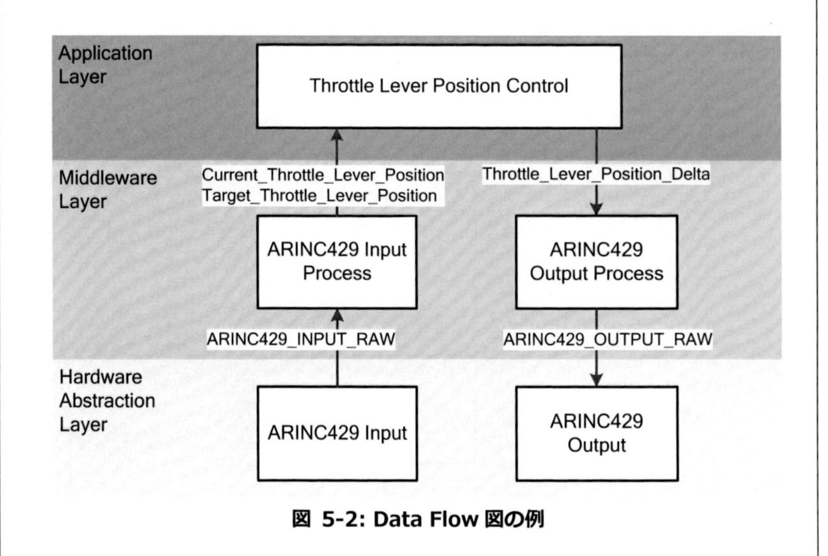

図 5-2: Data Flow 図の例

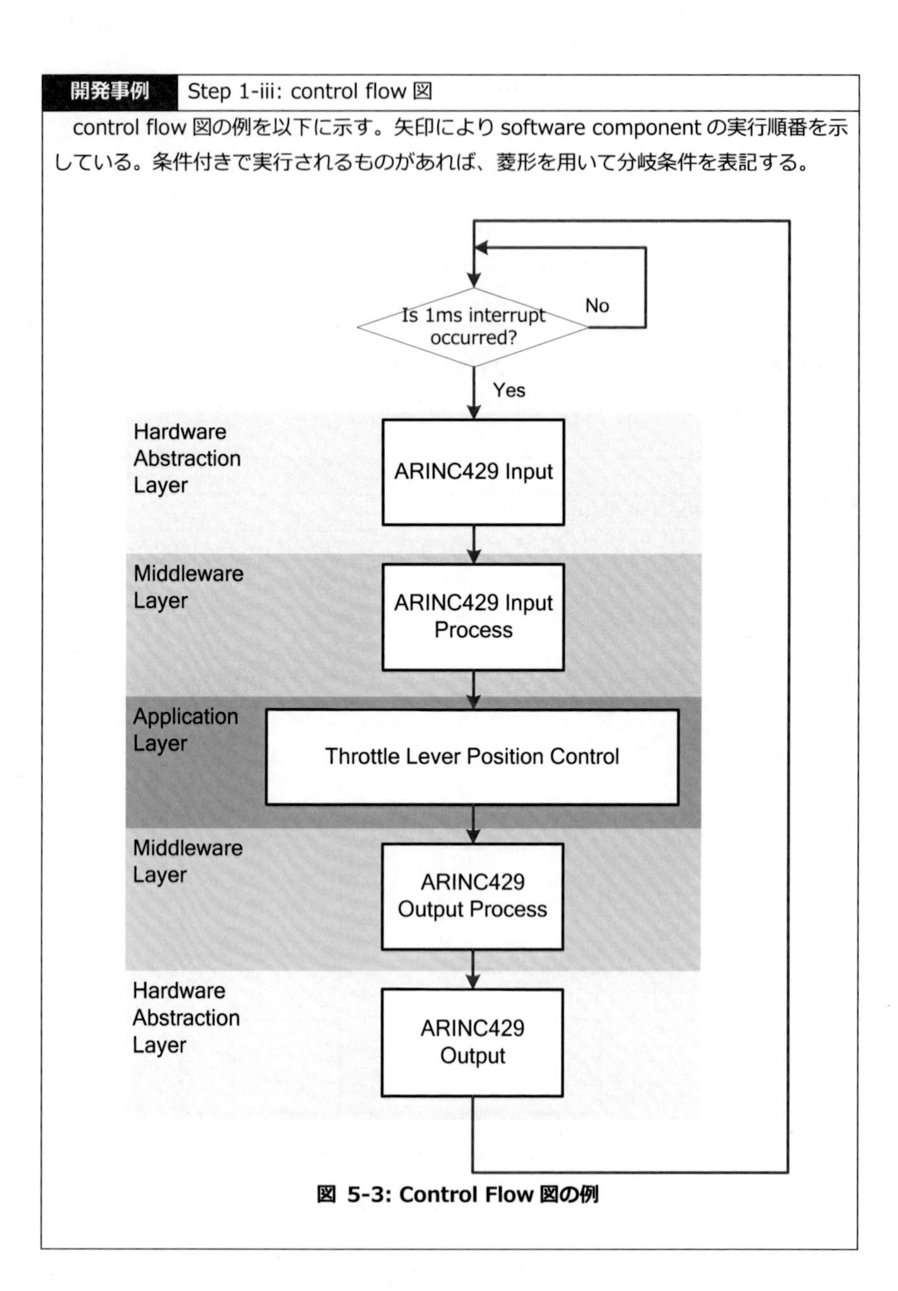

開発事例 Step 1-iii: control flow 図

control flow 図の例を以下に示す。矢印により software component の実行順番を示している。条件付きで実行されるものがあれば、菱形を用いて分岐条件を表記する。

図 5-3: Control Flow 図の例

開発事例 Step 1-iv: コンポーネントインタフェース図

定義した data flow 図、control flow 図を詳細化するため、software components 間のインタフェースを具体化する。具体化では、software components ごとに、以下の他のコンポーネントとのインタフェースを設計する：

(1) 外部公開関数

他のコンポーネントに公開する関数

(2) 外部公開データ

他のコンポーネントに公開するデータ

図 5-4 に、インタフェース設計の結果であるコンポーネントインタフェース図の例を示す。大きな四角はコンポーネントを表しており、左側に接合された小さな四角はインタフェースである外部公開関数と外部公開データである。また、実線の矢印は関数呼び出し関係を表す（矢印の始端のコンポーネントが、矢印の終端の関数を呼び出す）。破線の矢印はデータの受け渡しの関係を表す（矢印の始端がデータであり終端がコンポーネントの場合、始端のデータは終端のコンポーネントにより値が参照される。一方、矢印の始端がコンポーネントであり終端がデータの場合、その始端のコンポーネントは終端のデータの値を更新する）。

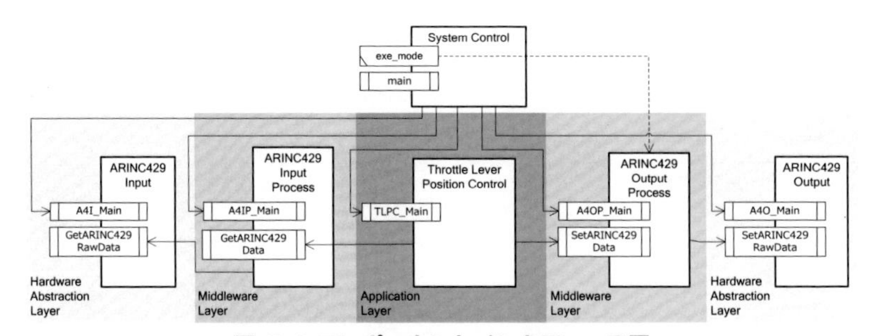

図 5-4:コンポーネントインタフェース図

なお、関数名、データ名、ファイル名などの命名規則は SDStd に記載された命名規則に従うべきである。

開発事例	Step 2-i: コンポーネント内 control flow 図

コンポーネント内 control flow 図の例を以下に示す。各コンポーネント内の関数を四角で表し、その呼出関係を矢印によって表現している。コンポーネント枠外の関数は、他のコンポーネントの外部公開関数を示す。

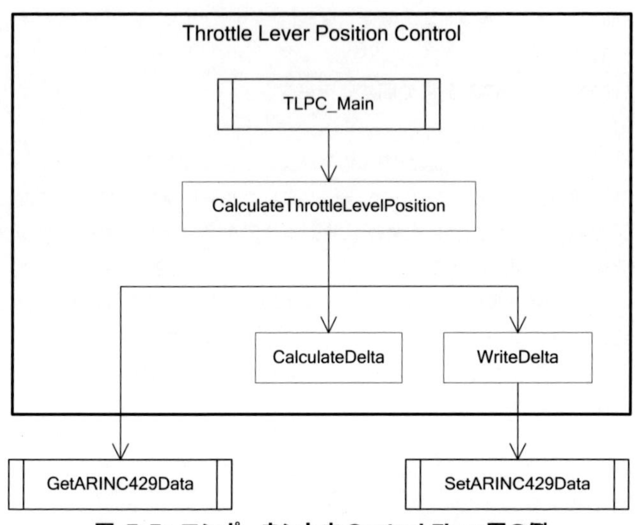

図 5-5: コンポーネント内 Control Flow 図の例

開発事例 Step 2-ii: コンポーネント内 data flow 図

コンポーネント内 data flow 図の例を以下に示す。2 本の平行線はコンポーネント内の共有データを表す。破線の矢印はデータの更新・参照の関係を表す（矢印の始端が関数であり終端がデータの場合は更新を、矢印の始端がデータであり終端が関数の場合は参照を表している）。

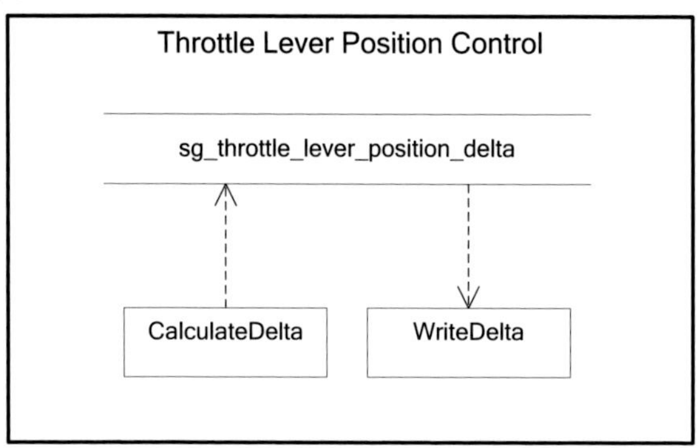

図 5-6: コンポーネント内 Data Flow 図の例

開発事例 Step 3: LLRs の作成について

software architecture の設計結果から、LLRs を作成する。LLRs のレイアウトは HLRs と同様である（本書の 4.1.1.1 章を参照）。例を以下に示す：

(Function LLRs の例)

LLR---h0100100

```
uint16_t GetARINC429Input ( uint32_t *rawData )
shall set the ARINC429 input raw data as follows:
 If ParityFlag is not PARITY_ERROR:
     Set rawData to ARINC429InputRawData.
     Return ParityFlag.
   Otherwise:
     Set rawData to zero.
     Return ParityFlag.
 -     Rationale: XXX
Covers HLR---0200100
```

(data LLRs の例)

LLR---h0100200

ARINC429Input.c shall define internal common variables as below:

TYPE	NAME	DESCRIPTION
uint32_t	ARINC429InputRawData	ARINC429 input raw data Unit: N/A Range: 0x0000~0xFFFF
bool_t	ParityFlag	ARINC429 parity flag7 Unit: N/A Range: 0 (NOT_PARITY_ERROR) or 1 (PARITY_ERROR)

- Rationale: XXX

Covers HLR---0200100

また、LLRs identifier の命名規則の一例を以下に示す:

LLRxyza $C_2C_1N_3N_2N_1Rev_2Rev_1$ (-$Part_2Part_1$)

LLR	常に"LLR"であり、この requirement が LLRs であることを示す。
x	derived requirement であるかどうかを識別する。 d : derived requirement である場合 - : derived requirement でない場合
y	robustness requirement であるかどうかを識別する。 r : robustness requirement である場合 - : robustness requirement でない場合
z	安全に関わる requirement であるかどうかを識別する。 s : 安全に関わる requirement である場合 - : 安全に関わる requirement でない場合
a	コンポーネントが属する層を識別する。 a: application layer m: middleware layer h: hardware abstraction layer
C_2C_1	LLRs が属すコンポーネントの識別番号を示す（**C_1** が 1 桁目、**C_2** が 2 桁目である）。
$N_3N_2N_1$	LLRs を識別するための連番を示す（**N_1** が 1 桁目、**N_2** が 2 桁目、**N_3** が 3 桁目である）。

Rev_2Rev_1	LLRs の連番の予備領域である。
$Part_2Part_1$	function LLRs のためのオプション領域であり、関数の性質 (上記の"x"、"y"、又は"z") が関数途中で変わる場合、部分的に識別するために使用する。例えば、HLRs レベルでは要求されていないが、関数内に防衛的プログラミングのための robustness requirement 領域を埋め込みたい場合等に利用する。

レイアウト及び識別子の命名規則に従って記述した例を、以下に示す。LLR-r-h0100100-01 の部分は、防衛的プログラミングのため、robustness requirements の領域を埋め込んでいる。

LLR---h0100100
uint16_t GetARINC429Input (uint32_t *data)
shall return the ARINC429 input raw data as follows:
If ParityFlag is not PARITY_ERROR:
Set (*data) to ARINC429InputRawData.
Return ParityFlag.
LLR-r-h0100100-01
Otherwise:
Set (*data) to ARINC429InputRawDataPrev.
Return ParityFlag.
- [Rationale] If the parity of ARINC429 raw data informs error, the ARINC429InputRawData is not meaningful and should not be used. Therefore, the previous value is used for calculation to ensure XXX.

Covers HLR---0100100

推奨事項 品質の高い LLRs が備えるべき特徴について

LLRs も requirements であるため、4.1.1.1 章で述べた"[推奨事項] 品質の高い requirement が備えるべき特徴についての特徴"の多くを備えるべきである。

推奨事項	品質の高い software design が備えるべき特徴について

以下に、品質の高い software design が備えるべき特徴を示す。

- **抽象化**

抽象化は、詳細を隠すため、その詳細を代表した用語で定義することである。設計の各レベルにおいて抽象化を実行することにより、詳細を気にせず手続きやデータを扱うことが可能となり、設計者は少数の概念のみ・特定の問題のみに集中することが容易になる。

- **モジュール化**

モジュール化は、ソフトウェアを論理的な要素（モジュールやコンポーネント）に分割するものである。論理的な要素に分割することにより、分割された各要素は特定の機能のみに集中することが可能となる。設計者が適切にソフトウェアをモジュール化することにより、各要素の目的の理解、また、要素間の相互作用の理解が容易になる。

注　コンポーネントは、1 つのモジュール、又は、複数の関連のあるモジュールのセットである。

- **弱い結合度**

結合度（coupling）は、2 つのコンポーネント間の独立性の程度である。コンポーネントの独立性を高めるためには、コンポーネント間の不必要な関係を排除し、また、コンポーネント間で必要な関係を最小化し、結合度を弱くする必要がある。結合度を弱くすることで、コンポーネント修正時の影響範囲が小さくなり、修正が容易になる。

- **情報隠蔽**

情報隠蔽は、コンポーネント内の情報を、その情報を必要としない他のコンポーネントからはアクセスできないようにすることである。情報隠蔽は、結合度の概念と関連があり、コンポーネント間の不必要な関係を互いに隠蔽することにより、コンポーネント間の独立性をさらに高くすることが可能となる。

- **低い複雑度**

複雑度は、上記で述べた特徴と深く関連している。大きな機能を、より細かな機能に分割し、個々のコンポーネントの複雑度を低くすることは重要である。複雑な設計は、エラーの源泉となり、また、修正時に大きな労力が必要となる。複雑度は、一般的に、source code に対して計測されるが、設計の段階から複雑度について考慮しておくべきである。

- **テストの容易性**

ソフトウェアは、テストしやすいよう設計されるべきである。一般的に、以下の特徴を設計に盛り込むことにより、テストしやすい設計となる：

➢ ソフトウェアは、必要ならば分解でき、独立してテスト可能である。
➢ ソフトウェアの出力は、入力により変更可能である。
➢ ソフトウェアの入力/内部変数/出力は、ソフトウェア実行中に観測することができる。

また、ソフトウェアをテストしやすくする機能を実装するのもよい。例えば、エラーロギング機能（テスト時に、ソフトウェアの振る舞いを理解しやすくなる）、さらに、故障診断機能（メモリチェック等）等がある。

- **安全に関わるソフトウェアに望まれない機能を避ける**

一般的に、以下は、安全に関わるソフトウェアにおける設計では推奨されていない。

➢ **再帰関数**

再帰関数は、直接的に、又は、間接的に、自分自身を呼び出すことのできる関数である。再帰関数を細心の注意なしで使用する場合、再帰呼び出しの回数が厳密に制御されず、実行時にプログラムで使用されるスタック使用量を事前に予測することが難しく、実行時にメモリ破壊（スタックオーバーフロー）を引き起こす可能性がある。

➢ **自己修正コード（self-modifying code）**

実行中に、自身の命令を変更するコードである。自己修正コードは、読みにくく、維持しにくく、テストしにくいため、避けるべきである。

➢ **動的なメモリ割当て（dynamic memory allocation）**

➢ **グローバルデータ**

グローバルデータの利用は最小化されるべきである。グローバルデータを利用する場合の問題点を以下に示す：

✧ どこからでもアクセス可能なため、潜在的にどこかで値が変更される可能性がある。
✧ どのような順序で値が更新・参照されるのかを追跡するのが困難である。それ故、コーダーが意図しない順序で値が更新・参照されることもあり、注意深く用いない場合、データ破壊を引き起こす可能性がある。

- ✧ コンポーネント間の独立性が低くなる。グローバルデータを利用しているコンポーネントを変更する場合、そのグローバルデータを利用している全てのコンポーネントにも気を配らなければならなくなるからである。
- ✧ コンポーネント間の依存関係が増すので、再利用性が低くなる。

以上の理由から、一般的に、グローバルデータは、特に必要な時のみ利用されるべきであると言われている。仮に利用する場合でも、命名規則によりグローバルデータであることを明確にし、グローバル変数の一覧表を作成して全てのグローバル変数を詳しく説明すべきである。

➢ **無条件分岐**

多くの航空機搭載ソフトウェアの SDStd では、source code レベルにおいて goto 文となるような無条件分岐の利用を禁止している。無闇に無条件分岐を利用すると、構造化プログラミングの原則 (順次、選択、繰り返し) に違反しやすくなり、その結果、制御の流れが複雑で非常に読みにくい source code となってしまう。仮に無条件分岐を利用する場合、とても注意深く利用するべきである。

5.1.1.2 Trace Data

software design process にて、HLRs と LLRs の trace data を作成する必要がある。

開発事例 HLRs と LLRs の関係を示す trace data の記述

HLRs と LLRs の関係を示す trace data は traceability matrix の形式で記述されることが多い。双方向の traceability matrix の例を、表 5-1 (ダウントレースの例) 及び表 5-2 (アップトレースの例) に示す。design description に traceability matrix のための section を設け、traceability matrix を文書化する。

表 5-1: ダウントレースの例

<table>
<tr><th>HLRs</th><th>LLRs</th></tr>
<tr><td rowspan="2">HLR---0200000</td><td>LLR---a0102100</td></tr>
<tr><td>LLR---a0201530</td></tr>
<tr><td rowspan="2">HLR---0200010</td><td>LLR---m0600135</td></tr>
<tr><td>LLR---h0700323</td></tr>
<tr><td>…</td><td>…</td></tr>
</table>

表 5-2: アップトレースの例

<table>
<tr><th>LLRs</th><th>HLRs</th></tr>
<tr><td rowspan="2">LLR---a0200200</td><td>HLR---0100010</td></tr>
<tr><td>HLR---0100020</td></tr>
<tr><td>…</td><td>…</td></tr>
</table>

なお、SDStd には、trace data 作成方針 (例えば、trace data を traceability matrix 形式で記述すること、また、traceability matrix のフォーマット等) について、述べるべきである。

5.1.2 Software Design Process の Objectives

表 5-3 に、DO-178C Annex A Table A-2: software development process の objective のうち、software design process の objective を示す。基本的に、下記の objective は、本書の 5.1.1 章にて説明した design description 及び trace data を作成することで達成される。objective 達成のエビデンスは、design description 及び trace data そのもの、また、derived requirements が system process により評価・承認されたことを示す記録である。

表 5-3: Software Design Process における Objective

	Objective		**Activity**	**Applicability by Software Level**				**Output**		**Control Category by Software Level**			
	Description	**Ref**	**Ref**	**A**	**B**	**C**	**D**	**Data Item**	**Ref**	**A**	**B**	**C**	**D**
3	Software architecture is developed.	5.2.1.a	5.2.2.a 5.2.2.d	○	○	○	○	Design Description	11.10	①	①	①	②
4	LLRs are developed.	5.2.1.a	5.2.2.a 5.2.2.e 5.2.2.f 5.2.2.g 5.2.3.a 5.2.3.b 5.2.4.a 5.2.4.b 5.2.4.c 5.5.b	○	○	○		Design Description Trace Data	11.10 11.21	① ①	① ①	① ①	
5	Derived LLRs are defined and provided to the system processes, including the system safety assessment process.	5.2.1.b	5.2.2.b 5.2.2.c	○	○	○		Design Description	11.10	①	①	①	

5.2 Software Design Phase における Verification

表 5-4 に、DO-178C Annex A Table A-4 の software design phase における verification の objective を示す。

表 5-4: Software Design Process における Verification Objective

	Objective		Activity	Applicability by Software Level				Output		Control Category by Software Level			
	Description	Ref	Ref	A	B	C	D	Data Item	Ref	A	B	C	D
1	LLRs comply with HLRs.	6.3.2.a	6.3.2	●	●	○		SVRs	11.14	②	②	②	
2	LLRs are accurate and consistent.	6.3.2.b	6.3.2	●	●	○		SVRs	11.14	②	②	②	
3	LLRs are compatible with target computer.	6.3.2.c	6.3.2	○	○			SVRs	11.14	②	②		
4	LLRs are verifiable.	6.3.2.d	6.3.2	○	○			SVRs	11.14	②	②		
5	LLRs conform to standards.	6.3.2.e	6.3.2	○	○	○		SVRs	11.14	②	②	②	
6	LLRs are traceable to HLRs.	6.3.2.f	6.3.2	○	○	○		SVRs	11.14	②	②	②	
7	Algorithms are accurate.	6.3.2.g	6.3.2	●	●	○		SVRs	11.14	②	②	②	
8	Software architecture is compatible with HLRs.	6.3.3.a	6.3.3	●	○	○		SVRs	11.14	②	②	②	
9	Software architecture is consistent.	6.3.3.b	6.3.3	●	○	○		SVRs	11.14	②	②	②	

	Objective		Activity	Applicability by Software Level				Output		Control Category by Software Level			
	Description	Ref	Ref	A	B	C	D	Data Item	Ref	A	B	C	D
10	Software architecture is compatible with target computer.	6.3.3.c	6.3.3	○	○			SVRs	11.14	②	②		
11	Software architecture is verifiable.	6.3.3.d	6.3.3	○	○			SVRs	11.14	②	②		
12	Software architecture conforms to standards.	6.3.3.e	6.3.3	○	○	○		SVRs	11.14	②	②	②	
13	Software partitioning integrity is confirmed.	6.3.3.f	6.3.3	●	○	○	○	SVRs	11.14	②	②	②	②

objective 1 から 7 は、LLRs についての verification objective である。基本的には、HLRs の場合と内容が変わらないため、本書の 4.2 章を参照のこと。

objective 8 は、software architecture と HLRs の整合性を verification により確認することによって達成される。整合性を確認するため、例えば、software architecture と HLRs 間の trace data(DO-178C には要求されていないが)、又は、マッピング情報を作成し、それを元に"HLRs が適切に実現される software architecture となっていること"を review/analysis により確認する方法がある。

objective 9 は、software architecture のコンポーネントが、正確で一貫していることを verification により確認することによって達成される。例えば、data flow 及び control flow に着目して、正確性と一貫性を確認する。data flow に関しては、例えば、「コンポーネント間で受け渡されるデータのタイプ、範囲、単位等が定義されており、それらが正しく、矛盾がないこと」等を review/analysis により確認する。また、control flow に関しては、例えば、「コンポーネントの実行順序、実行間隔、条件による実行、割込みが特定されており、それらが正しく、矛盾がないこと」等を review/analysis により確認する。

objective 10 は、software architecture が、ターゲットコンピュータと整合していることを verification により確認することによって達成される。例えば、data flow に関して「ターゲットコンピュータの特性と照らし合わせ、data flow で識別されているコンピュータとの入出力の特性が正しいこと」等を review/analysis により確認する。また、control flow に関しては「ターゲットコンピュータの特性と照らし合わせ、control flow で識別されている割込みが正しく行えること」等を review/analysis により確認する。

objective 11 は、software architecture が検証可能であることを verification により確認することによって達成される。例えば、検証可能ではない software architecture の要素 (DO-178C section 6.3.3.d に記述されている unbounded recursive algorithms 等) が存在しないことを review/analysis により確認する。さらなる verification を実施する場合、本書の 5.1.1.1 章で述べた"品質の高い software design が備えるべき特徴について"における「テストの容易性」が、確認のためのチェックリストや analysis の観点の参考となる。

objective 12 は、SDStd の中で守らなければならないとされているルールに従って、software architecture 及び LLRs が作成されていることを review/analysis により確認することによって達成される。

objective 13 は、partitioning が利用される場合、partitioning 違反が起きないことを analysis により確認することによって達成される。

DERの意見	software architecture についての verification objective 達成について

objective 8 の達成のため、software architecture と HLRs 間の trace data を作成し、それを基に compatibility を確認する手法は良い方法である。ただし、review/analysis による静的な verification だけでは不十分であり、requirements から test cases 及び test procedures を作成し、実際に tests を実行することで compatibility を示す必要がある。

objective 9 は、software design と source code が一貫していることを、review、analysis、testing によって確認することで達成される。

objective 10 は、実際に testing を実施し、その結果が全て pass (合格) であることを確認することで達成される。testing が全て pass (合格) した場合、software architecture がターゲットコンピュータと整合していると言えるからである。

objective 13 は、analysis 及び testing によって partitioning について確認することで達成される。analysis では、partitioning が正しく設計されていることを確認する。testing では、partitioning によって正しく software components が分離されていることを確認する。

5.3 Software Design Phase における SCM

表 2-4 に、DO-178C Annex A Table A-8 の SCM の objective を示す。本 phase では、objective 1 から 4 及び 6 が適用される。

objective 1 は、design description を configuration item として識別する（つまり、管理・参照のため、文書番号等の識別子を付与し、適切にバージョンを管理する）ことで達成される。

objective 2 は、software library 内に design description の baseline を適切に確立することで達成される。例えば、review/analysis 対象の design description を保持する baseline、また、release 後の design description を保持する baseline の確立等が考えられる。

objective 3 は、release 後の design description に問題が見つかった場合に一連の problem reporting、change control、change review を実施し、また適切に CSA を実行することで達成される。

objective 4 は、archive、retrieval、release の活動を要求するものである。archive 及び retrieve の活動を software design phase において実施する場合、本 objective は、適切に archive 及び retrieve の活動を実施することで達成される。また、release の対象である CC1 data (software level A から C において、design description 及び trace data) について、適切に release の活動をすることで達成される。

objective 6 は、ソフトウェア開発に使用する tool を SECI に文書化し、また、tool の EOC を CC1 data 又は CC2 data として管理することで達成される。

5.4 Software Design Phase における SQA

表 2-5 に、DO-178C Annex A Table A-9 の SQA の objective を示す。本 phase では、objective 2 から 4 が適用される。

objective 2 は、SQA の実施者がプロジェクトの活動に参加・監査することより、作成された software plans に基づきプロジェクトが実施されていることを保証することで達成される。なお、software plans からの deviation (逸脱) がある場合、それが適切に記録され、評価され、解決されたことを保証しなければならない。

objective 3 は、SQA の実施者がプロジェクトの活動に参加・監査することにより、作成された SDStd に基づき成果物 (design description) が作成されていることを保証することで達成される。

objective 4 は、プロジェクトにおいて、各 software plans に記載した transition criteria が守られていることを保証することで達成される。

5.5 Software Design Phase における Certification Liaison

表 2-6 に、DO-178C Annex A Table A-10 の certification liaison process の objective を示す。ただし、本 phase において適用される objective はない。

6 Software Coding Phase

本章では、source code を作成するための software coding phase について述べる。software coding phase では､source code 及び LLRs と source code の関係を示す trace data を作成し、これらに対して verification を実施する。また、source code の作成に関連のある SCM、SQA、certification liaison の活動も併せて実施する。

6.1 Software Coding Process

図 3-1 に示している通り、software coding process では、software design process の成果物である design description を入力とし、source code 及び LLRs と source code の関係を示す trace data を作成する process である。source code は、SCStd に従い作成されなければならない。

6.1.1 Software Coding Process の成果物

software coding process の成果物である source code 及び LLRs と source code の関係を示す trace data について説明する。

6.1.1.1 Source Code

source code は､プログラミング言語で記述されたコードから構成されるデータである。source code は、integration process にてコンパイル・リンク・ロードするため利用される。各 source code のコンポーネントに関して、software identification (名前、改訂日付等) を記載する必要がある。

推奨事項	品質の高い source code が備えるべき特徴について

以下に、品質の高い source code が備えるべき特徴を示す。なお、SCStd には、下記の特徴を備えるためのガイドライン・ルールを記載すべきである。

- **読みやすさ**

  coding の多くの時間は、source code を review し、修正するために費やされる。それ故、source code はコンピュータのためだけなく、人のためにも書かれるべきである。また､読みやすいコードを書くことによって､エラー発生率が低下し､source code の品質が高くなり、プロジェクトのコストが低下する。

  コードの読みやすさは、以下の 2 つの項目に大きく左右される：

  - レイアウト
  - コメント

- **レイアウトの推奨事項**
  - ✧ インデントを利用し、source code の論理構造を明確にすること。一般的に、下位の論理構造は、上位の論理構造よりインデントを深くする。
  - ✧ 空白行を利用し、論理に関連のない構造を分離すること。
  - ✧ スペースを利用し、式を読みやすくすること。例えば、"StartPoint+Position"より、"StartPoint + Position"の方が、読みやすくなる。
  - ✧ ステートメントは、なるべく一行に 1 つのみとすること。このようにすることで、コードを上から下に順に読むことができるようになる。（さらに、コンパイルエラー時に行番号のみ通知される場合でも、エラー箇所が特定しやすくなる。）
  - ✧ データの宣言は、一行に 1 つのみとすること。多くの変数の宣言が一行で記述されている場合、特定の変数を見つけるのが困難となる。
  - ✧ 行長を制限すること。一行が長いと、読みやすさが失われる傾向がある。
  - ✧ 演算の評価順序が紛らわしい式には、括弧を使用し、評価順序を明確化すること。

- **コメントの推奨事項**
  - ✧ 読み手に明らかではないもの（例えば、コードの意図・目的等）を記述するため、コメントを利用すること。反対に、読み手に明らかなものをコメントとして記述してはならない（例えば、コードを反復するだけのコメント）。
  - ✧ コメントは、対応するコードと同じインデントとすること。
  - ✧ 保守しやすいレイアウトとすること。例えば、綺麗に見せるためコメントをアスタリスクで囲むことを好む人もいるが、修正時にレイアウトが崩れやすく、レイアウトを整えるのに不必要な時間がかかってしまう。
  - ✧ 関数の近くに、関数の目的、入力、出力、注意事項等を簡潔に説明すること。
  - ✧ コードを更新したら、コメントも見直すこと。
  - ✧ データ宣言では、数値データの単位、数値の取り得る値の範囲、データの意味を記述する。
  - ✧ コード作成時にコメントを記述すること。後からコメントを記述する場合、細かなことを忘れてしまっているため、正確性に欠けたコメントとなる。

- **低い複雑度**

　source code が複雑である場合、エラーが発生しやすく、修正時により大きな労力を必要とする。一般的に、source code の複雑度は、以下のプラクティスにより減少させることが可能である。また、複雑度を計測するため、複雑度計測 tool を導入することは有用である。

  - モジュール設計をすること。
  - コンポーネント間の結合度（coupling）を最小化すること。
  - それぞれ 1 つの開始・終了のポイントを持つルーチンとすること。
  - 割込み駆動のプロセスを最小化すること。
  - マルチタスクを最小化すること。
  - 深いネスト（例えば、何重にもなる if 文）を避けること。
  - ルーチンを短くすること。
  - ファイルのサイズを制限すること。一般的に、250 行以上のコードのファイルは維持が難しいと言われている。
  - コードをレビューしてもらい、理解しやすいコードであるかを確認してもらうこと。

　複雑度の他にも、さまざまなソフトウェアメトリクス（ソフトウェアの品質の尺度）が存在する。例えば、essential cyclomatic complexity、knots、essential knots、fan-in、fan-out 等が挙げられる。それらを利用する場合、その閾値を SCStd に記述するべきである。

- **非決定性（non-determinism）の回避**

　安全性に関わるソフトウェアは、決定論的でなければならない。非決定性は、以下のプラクティスにより減少できる。

  - 自己修正コード（self-modifying code）を使用しない。自己修正コードとは、実行時に自分自身の命令を修正するコードである。
  - 動的束縛（dynamic binding）の利用を避ける。動的束縛とは、呼ばれるルーチンが動的に決定されることである（例えば、ポリモルフィズム等）。
  - 明示的に初期化されていない変数の初期値を仮定しない。

- **問題を引き起こす可能性のある事項を避けること**

　問題を引き起こすことの多い事項を避けるため、以下のプラクティスを実践すること。

  - ポインタの利用を最小化する

　　　プログラミングにおいて、ポインタは、最も誤りがちな領域のうちのひとつである。そのため、ポインタの利用は最小化され、利用される場合であっても慎重に利用すべきである。ポインタを利用しなくてもよい方法がある場合、その方法を利用すべきである。

- **SCStdへの準拠**

source codeは、SCStdに従って作成されなければならない。一般的に、MISRA-Cは、SCStdのよいインプットとなると言われている。また、セキュアコーディングのためのCERT Cというコーディングスタンダードが存在する。

6.1.1.2 Trace data

software coding processにて、LLRsとsource codeのtrace dataを作成する必要がある。

開発事例 LLRsとsource codeの関係を示すtrace dataについて

LLRsとsource codeの関係を示すtrace dataについては、traceの関係を暗黙的に示す手法がある。例えば、software design processにて以下のLLRsを作成した場合、

LLR---a0100000

Uint16 Calc_Lever_Position (uint 16 * raw_position) shall return the calculated throttle lever position as follows:

…

software coding processでは、これに対応したCalc_Lever_Positionという名前の関数を作成する。つまり、関数名によってLLRsとsource codeのtrace関係を暗黙的に示す手法である。

この暗黙的にtraceの関係を示す手法を利用する場合、基本的にLLRsとsource codeの関係は1対1の関係となる。それ故、双方向の関係を示すtraceability matrixの作成の利点は少なく、文書化しない。

なお、SCStdには、trace data作成方針 (例えば、traceの関係を暗黙的に示すこと、また、traceability matrixを作成しないこと等) について、述べるべきである。

6.1.2 Software Coding Process の Objectives

表 6-1 に、DO-178C Annex A Table A-2: software development process の objective のうち、software coding process の objective を示す。基本的に、下記の objective は、本書の 6.1.1 章にて説明した source code 及び trace data を作成することで達成される。objective 達成のエビデンスは、source code 及び trace data そのものである。

表 6-1: Software Coding Process における Objective

<table>
<tr><th rowspan="2"></th><th colspan="2">Objective</th><th>Activity</th><th colspan="4">Applicability by Software Level</th><th colspan="2">Output</th><th colspan="4">Control Category by Software Level</th></tr>
<tr><th>Description</th><th>Ref</th><th>Ref</th><th>A</th><th>B</th><th>C</th><th>D</th><th>Data Item</th><th>Ref</th><th>A</th><th>B</th><th>C</th><th>D</th></tr>
<tr><td rowspan="2">6</td><td rowspan="2">Source Code is developed.</td><td rowspan="2">5.3.1.a</td><td rowspan="2">5.3.2.a
5.3.2.b
5.3.2.c
5.3.2.d
5.5.c</td><td rowspan="2">○</td><td rowspan="2">○</td><td rowspan="2">○</td><td rowspan="2"></td><td>Source Code</td><td>11.11</td><td>①</td><td>①</td><td>①</td><td></td></tr>
<tr><td>Trace Data</td><td>11.21</td><td>①</td><td>①</td><td>①</td><td></td></tr>
</table>

6.2 Software Coding Phase における Verification

表 6-2 に、DO-178C Annex A Table A-5: verification of outputs of software coding & integration processes の objective のうち、software coding phase における verification の objective を示す。

表 6-2: Software Coding Process における Verification Objective

	Objective		Activity	Applicability by Software Level				Output		Control Category by Software Level			
	Description	Ref	Ref	A	B	C	D	Data Item	Ref	A	B	C	D
1	Source Code complies with LLRs.	6.3.4.a	6.3.4	●	●	○		SVRs	11.14	②	②	②	
2	Source Code complies with software architecture.	6.3.4.b	6.3.4	●	○	○		SVRs	11.14	②	②	②	
3	Source Code is verifiable.	6.3.4.c	6.3.4	○	○			SVRs	11.14	②	②		
4	Source Code conforms to standards.	6.3.4.d	6.3.4	○	○	○		SVRs	11.14	②	②	②	
5	Source Code is traceable to LLRs.	6.3.4.e	6.3.4	○	○	○		SVRs	11.14	②	②	②	
6	Source Code is accurate and consistent.	6.3.4.f	6.3.4	●	○	○		SVRs	11.14	②	②	②	

objective 1 は、LLRs で指定された内容を source code が満たしていること、また、LLRs で指定された内容のみを実装していることを review/analysis により確認することによって達成される。

objective 2 は、source code が software architecture と一貫していることを保証するものであり、software architecture で定義した全ての関数が実装されていること、設計した data flow 及び control flow が、正しく source code に落とし込まれていることを review/analysis により確認することによって達成される。

objective 3 は、source code が tests できない statement 及び構造を持っていないこと、また、テストするために変更する必要がないことを review/analysis により確認することによって達成される。

objective 4 は、source code が SCStd に従って作成されていることを review/analysis により確認することによって達成される。source code が standards に従っていることを確認するため、静的解析 tool が利用されることが多い。静的解析 tool を利用する場合、一般的に、tool qualification が必要である。

objective 5 は、source code と LLRs の trace data の正確性・完全性を review/analysis により確認することによって達成される。

objective 6 は、source code の正確性及び一貫性を review/analysis により確認することによって達成される。DO-178C において、例えば、次のことが検証されるべきであると述べている：

- **メモリ利用 (memory usage)**

  例えば、使用するメモリ (スタック、ヒープ、NVM、RAM 等) に、運用・将来拡張のための十分なマージンがあることを保証するためのreview/analysisが必要である。
- **浮動小数点数演算と固定小数演算 (floating point and fixed point arithmetic)**

  例えば、オーバーフロー、桁落ち、情報落ち、ゼロ割り等を起こし得る演算が存在しないこと (又は、発生した場合の防衛処理が存在すること) を保証するための review/analysis が必要である。
- **リソース競合 (resource contention)**

  例えば、あるリソースに対して複数のタスクがアクセスした場合でもデッドロックが発生しないことを保証するための review/analysis が必要である。
- **最悪実行時間 (worst-case execution timing)**

  最悪実行時間は、ターゲットコンピュータ上において、タスクの実行完了にかかる最長時間である。最悪実行時間が、requirements で規定されている割当て時間内に収まることを保証するための review/analysis が必要である。
- **例外処理 (exception handling)**

  例えば、例外が発生し得る処理に対して例外処理が施されていることを保証するための分析や、意図しない例外が発生しないことを保証するための review/analysis が必要である。
- **初期化されていない変数の利用 (use of uninitialized variables)**
- **使用していない変数・定数が存在しないこと (unused variables)**
- **キャッシュ管理 (cache management)**

- **タスク・割込みの衝突によるデータ破壊 (data corruption due to task or interrupts conflicts)**
  例えば、複数のタスクから参照・更新される共有データがある場合、その参照・更新によって意味的なデータ破壊が起こらないことを保証する review/analysis が必要である。

上記の確認のため、静的解析 tool が利用されることも多い (手動による確認は、ミスが発生する可能性が高いため) 。既に述べたが、静的解析 tool を利用する場合、一般的に、tool qualification が必要である。

6.3 Software Coding Phase における SCM

表 2-4 に、DO-178C Annex A Table A-8 の SCM の objective を示す。本 phase では、objective 1 から 4 及び 6 が適用される。

objective 1 は、source code を configuration item として識別する (つまり、管理・参照のため、文書番号等の識別子を付与し、適切にバージョンを管理する) ことで達成される。

objective 2 は、software library 内に source code の baseline を適切に確立することで達成される。例えば、review/analysis 対象の source code を保持する baseline、また、release 後の source code を保持する baseline の確立等が考えられる。

objective 3 は、release 後の source code に問題が見つかった場合に一連の problem reporting、change control、change review を実施し、また適切に CSA を実行することで達成される。

objective 4 は、archive、retrieval、release の活動を要求するものである。archive 及び retrieve の活動を software coding phase において実施する場合、本 objective は、適切に archive 及び retrieve の活動を実施することで達成される。また、release の対象である CC1 data (software level A から C において、source code 及び trace data) について、適切に release の活動をすることで達成される。

objective 6 は、ソフトウェア開発に使用する tool を SECI に文書化し、また、tool の EOC を CC1 data 又は CC2 data として管理することで達成される。

6.4 Software Coding Phase における SQA

表 2-5 に、DO-178C Annex A Table A-9 の SQA の objective を示す。本 phase では、objective 2 から 4 が適用される。

objective 2 は、SQA の実施者がプロジェクトの活動に参加・監査することにより、作成された software plans に基づきプロジェクトが実施されていることを保証することで達成される。なお、software plans からの deviation (逸脱) がある場合、それが適切に記録され、評価され、解決されたことを保証しなければならない。

objective 3 は、SQA の実施者がプロジェクトの活動に参加・監査することにより、作成された SCStd に基づき成果物 (source code) が作成されていることを保証することで達成される。

objective 4 は、プロジェクトにおいて、各 software plans に記載した transition criteria が守られていることを保証することで達成される。

6.5 Software Coding Phase における Certification Liaison

表 2-6 に、DO-178C Annex A Table A-10 の certification liaison process の objective を示す。ただし、本 phase において適用される objective はない。

6.5.1 SOI #2 (Software Development Review)

SOI #2 は、software development review である。本 review は、一般的に、少なくとも 50% (EASA の場合は 75%) の software development process の成果物 (HLRs、software architecture、LLRs、source code) が完成し、verification を実施した後に実施される。

SOI#2 は、オンサイトにて実施されることが多い。review 対象は、SRD、SRStd、deign description、SDStd、source code、trace data、SCStd、SVRs、PRs 、SCM records、SQA records である。

推奨事項	SOI #2 への準備

一般的に、SOI #2 への準備として、以下を実施する：

- 作成した data を、認証機関の request に応じて、利用できるようにしておく (提出できる形にしておく)。
- SOI#1 で発見された問題へ対処し、SOI#2 の前に認証機関へレスポンスを返す。
- job aid の SOI#2 部分の question に対する応答を準備する。
- development チームが、plans と standards に従って成果物を作成したことを確認する。plans と standards からの逸脱がある場合、それを識別する。
- verification 結果が完全で、また、利用可能であることを確認する。
- trace data が正確で、完全で、また利用可能であることを確認する。
- SOI#2 の内容を調整し、全てのチームメンバにそれを周知する。

7 Integration Phase

本章では、コンパイル、リンク、ロードを実施する integration phase について述べる。integration phase では、コンパイル、リンクを実施することで EOC や PDI file 等を作成し、またそれらをターゲットコンピュータにロードする。さらに、その結果に対して verification を実施し、integration に関連のある SCM、SQA、certification liaison の活動も併せて実施する。

7.1 Integration Process

integration process は、コンパイル、リンク、ロードを実施する process である。

7.1.1 Integration Process の成果物

integration process の成果物は、以下である：

- EOC
- PDI file
- compiling, linking, and loading data
  - コンパイル、リンク、ロードの操作手順書 (instructions)
  - コンパイル、リンク、ロードの実施結果

7.1.1.1 EOC

EOC は、ターゲットコンピュータのプロセシングユニットにて、直接利用可能であるコード形式である。それ故、EOC はターゲットコンピュータにロード可能なバイナリイメージである。EOC は source code (software coding process の成果物) 及びコンパイル、リンクの操作手順書を用いて生成されるものである。

7.1.1.2 PDI File

PDI file は、ターゲットコンピュータのプロセシングユニットにて、直接利用可能であるデータ形式であり、EOC を修正することなくソフトウェアの振る舞いに影響を与えるものである。PDI file は、例えば、以下の用途で作成されてもよい：

- EOC の実行パスに影響を与えるデータ
- software components の機能の activation/deactivation を切り替えるデータ
- software components に初期値を与えるデータ
- 計算に関するデータ

PDI file は requirements を基に作成されなければならず、その requirements は、一般的に HLRs として定義する (HLRs は全ての software level にて作成を要求されているが、LLRs は software level D では作成を要求されていないため) 。PDI file に関連する HLRs として、以下の 2 種類を定義する必要がある：

(1) Software HLRs

software HLRs には、以下の 2 種類の HLRs がある：

(1-1) ソフトウェアにより PDI がどのように使用されるかを定義する HLRs

(1-2) PDI の構造及び属性 (単位、範囲、デフォルト値、他のデータ要素との関係等) を定義する HLRs

上記 (1-1) は、最終的に EOC に落とし込まれる HLRs である。また、 (1-2) は、(2) の PDI HLRs のための枠組みを定義する HLRs である。

(2) PDI HLRs

PDI HLRs は、 (1-2) の HLRs により定義された構造及び属性に従い PDI の値を定義する HLRs であり、最終的に PDI file に落とし込まれるものである。

注　基本的に、PDI file は、PDI HLRs から直接生成される (つまり、PDI のための LLRs や source code を作成しなくてもよい) 。ただし、PDI HLRs から"中間的な表現" (例えば、XML file 等) を作成し、"中間的な表現"から PDI file を作成してもよい。

例として、図 7-1 に示すように、Sensor A から読み込んだ値に対して EOC がルックアップテーブル (計算の効率化のため、複雑な計算処理を単純な配列の参照処理で置き換えるため作られたデータ構造) を参照し、その参照値を Output Y として出力するソフトウェアについて考える。

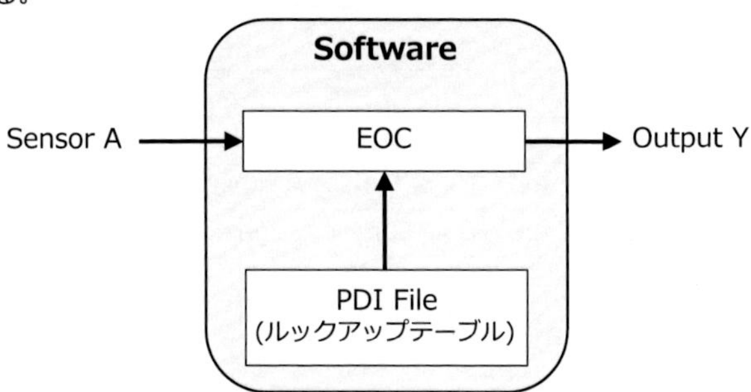

図 7-1: PDI File を利用したソフトウェアの例

(1-1) の例：

まず､｢ソフトウェアによりPDIがどのように使用されるかを定義するHLRs｣をsoftware HLRsとして定義する。例えば：

HLR---0100100

Output Y shall be set to the value looked up in the PDI file based on the signal from Sensor A (with the exception of the cases defined by HLR-r-0100200 and HLR-r-0100300).

HLR-r-0100200

Before the PDI file is used, XXX-software shall verify its CRC. If the CRC is not correct, XXX-software shall set Output Y to the following default values.

- Sensor A signal < -10 : 12.0
- -10 ≦ Sensor A signal < 10 : 10.0
- 10 ≦ Sensor A signal : 11.0

HLR-r-0100300

If the value looked up in the PDI file falls outside the range 0.0 – 12.0, XXX-software shall set Output Y to the default values of HLR-r-0100200.

(1-2) の例：

(1-1) のHLRsと併せて、｢PDIの構造及び属性 (単位、範囲、デフォルト値、他のデータ要素との関係等) を定義するHLRs｣ をsoftware HLRsとして定義する。例えば：

HLR---0100400

The PDI shall have the following structure and attributes.

Word Index	Contents (32 bit word)
0	PDI value ID
1	CRC
2	Value Y for “Sensor A signal < -10”
3	Value Y for “-10 ≦ Sensor A signal < 10”
4	Value Y for “10 ≦ Sensor A signal”

HLR---0100500

Values in word index 2 through 4 shall be represented as floating points in the range 0.0 - 12.0.

(2) の例:

また、「PDI の値を定義する HLRs」を PDI HLRs として定義する。

HLR---0100600

The PDI file shall have the following values specified in the "Contents (32 bit word)".

Word Index	Contents (32 bit word)	Data Elements Description
0	0001 0001	PDI value ID
1	ABCD DCBA	CRC
2	0.0	Value Y for "Sensor A < -10"
3	5.0	Value Y for "-10　Sensor A signal < 10"
4	8.0	Value Y for "10 ≦ Sensor A Signal"

7.1.1.3 Compiling, linking, and loading data

DO-178C において、"compiling, linking, and loading data"は、以下の 2 つの意味で利用されている：

(1) コンパイル、リンク、ロードの操作手順書 (instructions)

注　例えば、DO-178C section 5.4.2.a では、この意味で使用されている。

(2) コンパイル、リンク、ロードした結果

注　例えば、DO-178C section 6.3.5 では、この意味で使用されている。

推奨事項	build instructions の作成について

一般的に、コンパイル及びリンクの操作手順書は、"build instructions"と呼ばれる。build instructions には、以下が記載されるべきである：

- EOC 及び PDI file を生成するためのコンパイル・リンクの手順
- コンパイラ・リンカのためのスクリプト、コマンド、オプション等
- コンパイル・リンクにより発生する受入可能な error・warning

注　一般的に、error は許可されない。

また、build instructions は、repeatable (誰が何度やっても同じ結果となる) であるべきであり、それ故、詳細に文書化するべきである。なお、build 環境 (使用する tools、hardware 等) は、SECI に記載され、適切にコントロールされなければならない。

推奨事項 load instructions について

一般的に、ロードの操作手順書は、"load instructions"と呼ばれる。load instructions には、EOC 及び PDI file をターゲットコンピュータに load するための手順を記載する。build instructions と同様に、load instructions も repeatable であるべきである。

なお、コンパイル、リンク、ロードの操作手順を、SCI に記載、又は、SCI から参照する必要がある。

7.1.2 Integration Process の Objectives

表 7-1 に、DO-178C Annex A Table A-2: software development process の objective のうち、integration process の objective を示す。基本的に、下記の objective は、本書の 7.1.1 章にて説明した EOC 及び PDI file(必要な場合)を作成し、ターゲットコンピュータにロードすることで達成される。objective 達成のエビデンスは、EOC 及び PDI file(必要な場合)そのものである。

表 7-1: Integration Process における Objective

	Objective		Activity	Applicability by Software Level				Output		Control Category by Software Level			
	Description	Ref	Ref	A	B	C	D	Data Item	Ref	A	B	C	D
7	EOC and PDI Files, if any, are produced and loaded into in the target computer.	5.4.1.a	5.4.2.a 5.4.2.b 5.4.2.c 5.4.2.d 5.4.2.e 5.4.2.f	○	○	○	○	EOC PDI File	11.12 11.22	① ①	① ①	① ①	① ①

7.2 Integration Phase における Verification

表 7-2 に、DO-178C Annex A Table A-5: verification of outputs of software coding & integration processes の objective のうち、integration phase における verification の objective を示す。

表 7-2: Integration Process における Verification Objective

	Objective		Activity	Applicability by Software Level				Output		Control Category by Software Level			
	Description	Ref	Ref	A	B	C	D	Data Item	Ref	A	B	C	D
7	Output of software integration process is complete and correct.	6.3.5.a	6.3.5	○	○	○		SVRs	11.14	②	②	②	
8	PDI File is correct and complete.	6.6.a	6.6	●	●	○	○	SVCP SVRs	11.13 11.14	① ②	① ②	② ②	② ②
9	Verification of PDI File is achieved.	6.6.b	6.6	●	●	○		SVRs	11.14	②	②	②	

objective 7 は、software integration process の成果物が完全で、正しいことを review/analysis により確認することによって達成される。

開発事例	objective 7 の達成について

objective 7 の達成のための review/analysis の一例を以下に示す:

- build・load instructions の review の実施。
- build・load instructions の完全性・repeatability を保証するため、instructions を作成していない人に実行してもらう。これにより、instructions の作成者にとっては明確な step であっても、その他の人にとっては明確ではない step を発見することが可能となる。
- メモリマップファイルの検査の実施。例えば：
  - リンカによって割当てられる各セグメントの開始アドレス、メモリ空間の大きさ、属性（read only、read 及び write 可能等）は、リンカスクリプト内で特定されるセグメント定義と対応している。
  - 割当てセグメントのオーバーラップがない。
  - 各セグメントの実際の総割当て長（actual total allocated length）が、リンカスクリプト内で特定される最大長以下である。
  - 各ソースコードモジュールによって定義されるさまざまなセクションが、リンカにより適切なセグメントへマッピングされる。
  - ソースコードからの期待するオブジェクトモジュールのみが存在している。
  - リンクされたオブジェクトモジュールから期待するプロシージャ、テーブル、変数のみが現れている。
  - リンカは、アウトプットリンカシンボルへ正しい値を割り当てている。

DER の意見	objective 7 の達成について

objective 7 の達成のための一番簡単な方法は、コンパイル及びリンクの結果に error 及び warning がないということを示すことである。

objective 8 は、PDI file が、HLRs によって定義されている構造・属性に準拠しており、HLRs によって定義されている要素・値のみを持っていることを review/analysis により確認することによって確認される。

objective 9 は、requirements-based tests によって、全ての PDI file の要素が実行されたことを review/analysis により確認することによって達成される（structural coverage analysis の対象は code であるが、本 objective の対象は data である）。

7.3 Integration Phase における SCM

表 2-4 に、DO-178C Annex A Table A-8 の SCM の objective を示す。本 phase では、objective 1 から 6 が適用される。

objective 1 は、EOC、PDI file 及び SCI (compiling, linking, and loading の操作手順を含む) を configuration item として識別する (つまり、管理・参照のため、文書番号等の識別子を付与し、適切にバージョンを管理する) ことで達成される。

objective 2 は、software library 内に EOC、PDI file 及び SCI の baseline を適切に確立することで達成される。

objective 3 は、release 後の EOC、PDI file に問題が見つかった場合に一連の problem reporting、change control、change review を実施し、また適切に CSA を実行することで達成される。

objective 4 は、archive、retrieval、release の活動を要求するものである。archive 及び retrieve の活動を integration phase において実施する場合、本 objective は、適切に archive 及び retrieve の活動を実施することで達成される。また、release の対象である CC1 data (software level A から D において、EOC 及び PDI file) について、適切に release の活動をすることで達成される。

objective 5 は、本 phase にて software load の手順 (load instructions) を作成することによって達成される objective である。

objective 6 は、ソフトウェア開発に使用する tool を SECI に文書化し、また、tool の EOC を CC1 data 又は CC2 data として管理することで達成される。

7.4 Integration Phase における SQA

表 2-5 に、DO-178C Annex A Table A-9 の SQA の objective を示す。本 phase では、objective 2、4 が適用される。

objective 2 は、SQA の実施者がプロジェクトの活動に参加・監査することにより、作成された software plans に基づきプロジェクトが実施されていることを保証することで達成される。なお、software plans からの deviation (逸脱) がある場合、それが適切に記録され、評価され、解決されたことを保証しなければならない。

objective 4 は、プロジェクトにおいて、各 software plans に記載した transition criteria が守られていることを保証することで達成される。

7.5 Integration Phase における Certification Liaison

表 2-6 に、DO-178C Annex A Table A-10 の certification liaison process の objective を示す。ただし、本 phase において適用される objective はない。

8 Software Testing の全体像

DO-178C の testing は、"requirements-based testing"である。それ故、DO-178C における requirements-based testing の目的の 1 つは、「ソフトウェアが、software requirements (HLRs 及び LLRs) を満たしていることを示すこと」である。また、「許容できない故障を導くエラーが取り除かれた、という高いレベルの信頼性を証明すること」も目的の 1 つである。

本章における以下の節では、requirements-based testing 及び requirements-based testing の完了の程度を計測するための test coverage analysis について、その概要を説明する。

8.1 Requirements-based testing の概要

「ソフトウェアが、software requirements (HLRs 及び LLRs) を満たしていることを示すこと」を示すため、software requirements (HLRs と LLRs) を唯一の入力とした testing を実行しなければならない：

- **requirements-based test cases の作成**

  software requirements (HLRs と LLRs) を唯一の入力とし、requirements-based test cases (単に test cases と呼ばれることも多い) を作成する。

- **requirements-based test procedures の作成**

  software requirements から作成した test cases を基に、requirements-based test procedures (単に test procedures と呼ばれることも多い) を作成する。

- **requirements-based tests の実施**

  requirements-based test procedures を実行することで、requirements-based tests (単に tests と呼ばれることも多い) を実施する。

上記の方針で適切に test cases を作成し、適切に procedures を作成し、適切に tests を実行し、tests 結果が全て合格であった場合、全ての software requirements が満たされていると言うことができる。

8.2 Test Coverage Analysis の概要

"coverage"は、「ある verification の活動が、その目的を達成した程度」を意味し、一般的に、testing の活動に適用されることが多い。DO-178C では、実施した requirements-based testing の完全性 (完了の程度) を計測するため、2 step の test coverage analysis の実施を求めている。

(Step 1) software requirements-based test coverage analysis
(Step 2) structural coverage analysis

注　software requirements-based test coverage analysis は、structural coverage analysis に先行しなければならない。

8.2.1 Software Requirements-based Test Coverage Analysis

software requirements-based test coverage analysis は、単純に、「requirements-based coverage analysis」、又は、「requirements coverage analysis」と呼ばれることも多い。requirements coverage analysis は、「実施した requirements-based testing が、いかに十分に software requirements (HLRs と LLRs) を満たしていることを検証したか」を計測するものであり、以下を確認するものである：

- 全ての software requirements (HLRs 及び LLRs) に対して、test cases は存在するか
- test cases が、DO-178C に要求されている normal 及び robustness の基準を満足しているか

また、上記の確認により、実施した requirements-based testing における問題が発見された場合、それを解決し (例えば、test cases の追加、test cases の内容改善等) 、再び requirements-based testing を実施する必要がある。

requirements coverage analysis が完了したら、次は structural coverage analysis を実施する。

8.2.2 Structural Coverage Analysis

structural coverage analysis は、「requirements-based testing によって、どの code structure (statement、decision、MC/DC、data coupling、control coupling) が実行され、どの code structure が実行されなかったか」を明らかにするものである。structural coverage analysis の目的は、以下を保証することである：

(1) 実装された code structure が十分にテストされたこと

requirements-based testing によって、実装された code structure が十分にテストされたという保証を得ること。

(2) software requirements"のみ"が実装されていること

requirements-based testing では、software requirements のみから test cases 及び test procedures を作成し、tests を実施する。そのため、software requirements を基に実装されていないコードがあった場合、そのコード部分は、requirements-based testing により実行されない。すなわち、requirements-based testing では、「全ての software requirements が満たされていること」は、保証可能であるが、一方、「software requirements"のみ"が実装されていること」は保証できない。

上記の保証のため、structural coverage analysis が必要となる。structural coverage analysis により、全ての code structure が実行されたということが明らかになった場合、それは「software requirements"のみ"が実装されていること」を意味している。

一方、実行されなかった code structure の存在が明らかになった場合、その原因として以下のケースが存在し、それを解決するための活動が必要となる。

- software requirements の不足

  例えば、software requirements の記述が不十分であるが、コードが適切に実装されているケースである。この場合、software requirements を追加又は更新し、test cases 及び test procedures を追加し、再び tests を実施する必要がある。

- test cases 及び test procedures の不足

  例えば、software requirements が存在するが、その requirements に対応する test cases 及び test procedures が存在しない場合である。この場合、test cases 及び test procedures を追加し、再び tests を実施する必要がある。

- extraneous code、dead code、及び、deactivated code

  extraneous code は、コード(source code、object code、EOC)のレベルに関わらず、requirements-based testing によって実行されず、また、requirements に trace されないコードやデータである。dead code は、ターゲットコンピュータ環境にて実行されない EOC 又はデータであり、software development の工程における誤りの結果として入り込んでしまったものである。dead code は extraneous code のサブセットである。

  extraneous code 及び dead code が存在する場合、software requirements には定義されていない何か (意図しない機能)がコードに存在することを示している。それ故、software development process に戻りそれらのコード部分を除去し、その影響と再 verification の必要性について評価する必要がある。

  また、deactivated code が存在する場合、deactivation の仕組みが SRD 及び design description に定義された通りに実現されていることを保証する verification 等が必要となる。

- その他

  以下のコード又はデータは、requirements-based testing により実行されないが、その存在の正当な理由があるため、除去される必要はない：

  - 防衛的プログラミングのコード構造
  - embedded identifier

    EOC に埋め込まれるソフトウェア識別属性であり、例えば、作成日、部品番号、チェックサム、CRC、バージョン番号等

  ただし、これらのコード部分に対して verification が実施されており、仮に実行された時にも意図した通りに動作することを保証する活動が必要である。

structural coverage analysis が完了した場合、requirements-based testing が完了したと言える。

8.3 Software Testing の流れ

図 8-1 に、DO-178C に示されている software testing の活動のフローを示す。

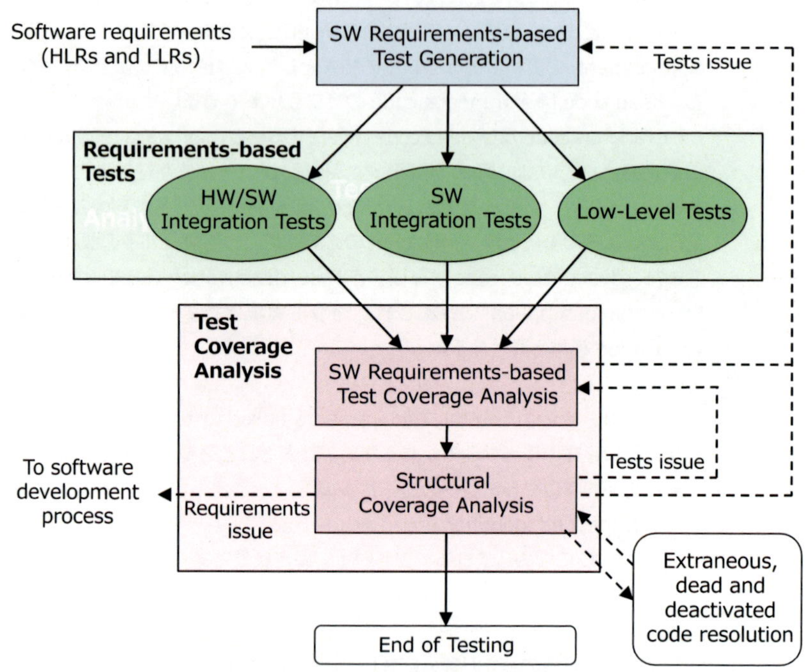

図 8-1: Software Testing の全体像

- **SW Requirements-based Test Generation**

本活動では、software development process の成果物である software requirements (HLRs と LLRs) から test cases を作成し、test cases から test procedures を作成する。

また、本活動の間に、以下の関係を示す trace data を作成する必要がある:

- software requirements (HLRs 及び LLRs) と test cases
- test cases と test procedures

本活動についての詳細は、本書の 9 章 (Test Generation Phase) を参照。

- **Requirements-based Tests**

本活動では、作成したtest proceduresを実行し、実際のtestsを実施する。DO-178Cでは、以下の3種類のtestsを規定している:

- hardware/software integration tests
- software integration tests
- low-level tests

なお、本活動の間に、test procedures と test results の関係を示す trace data を作成する必要がある。

本活動についての詳細は、本書の 10 章 (Test Execution Phase) を参照。

- **Test Coverage Analysis**

requirements-based testing の完全性 (完了の程度) を計測するため 2 step の test coverage analysis を実施する：

- software requirements-based test coverage analysis
- structural coverage analysis

本活動についての詳細は、本書の 11 章 (Test Coverage Analysis Phase) を参照。

開発事例	test plan について

requirements-based testing を始める前に詳細な test plan を作成することがある(一般的には、SVP や SVCP として作成する)。test plan は、プロジェクト固有の計画であり、例えば、以下を記述する：

- テストのスケジュール
- 実施するテストの種類及びそれらの実施方針
- テスト装置
- テストに利用する tool
- test cases と test procedures のレイアウト
- test cases と test procedures に関連する trace の扱い方
- TRR (test readiness review) のガイドライン

  注　DO-178C では要求されていないが、TRR (公式の tests に進む準備はできているかを判断するための review) を実施するプロジェクトは多い。TRR の詳細は、9.2 章参照。

なお、software verification standards に上記の項目について定義するプロジェクトもある。

9 Test Generation Phase

本章では、test cases と test procedures を作成するための test generation phase について述べる。本 phase では、test cases の作成、test procedures の作成、software requirements (HLRs と LLRs) と test cases の関係を示す trace data の作成、test cases と test procedures の関係を示す trace data の作成及びこれらの対しての verification を実施する。また、関連のある SCM、SQA、certification liaison の活動もあわせて実施する。

9.1 Test Generation

9.1.1 Test Cases の作成

DO-178C に準拠するためには、software requirements (HLRs と LLRs) を唯一の入力とし、test cases を作成する必要がある。DO-178C では、以下のように説明されている：

test cases:
tests への入力、実行条件及び期待する結果のセットであり、特定の目的 (例えば、特定の requirements への準拠を検証する等) のため作成されるものである。

なお、DO-178C では、以下の 2 種類の test case の作成を要求している:
(1) normal range test cases
(2) robustness test cases

(1) normal range test cases

normal range test cases は、正常な入力・条件へ対応するためのソフトウェアの能力を確認するものである。normal range test cases として、例えば、以下の基準を満たす test cases が作成されるべきである：

- 妥当な実数値・整数値を入力として実行する (同値クラス及び境界値を用いて) 。
  注　同値クラス：そのクラスの代表的な値のテストが、そのクラスの他の値のテストと同等であるような、プログラムの入力領域のパーティション
- 正常な運用時の時間の要素がある機能は、複数回連続実行して時間要素の正しさを確認する。
- 正常な運用時の状態遷移を全て実行する。
- 論理方程式 (logic equation) によって表現される software requirements に関して、論理方程式内の condition 及び decision の値を変化させ、その論理方程式の正しさを確認する。

(2) robustness test cases:

robustness test cases は、ソフトウェアへの異常な入力・条件へ対応するための能力を確認するものである。robustness test cases としては、例えば、以下の基準を満たす test cases が作成されるべきである：

- 妥当ではない実数値・整数値を入力として実行する（同値クラスを用いて）。
- 異常状態におけるシステムの振る舞いを確認する。
- ループに関連するコード部分の堅牢性を示すため、ループ範囲外のカウントになるよう試みる。
- 許可されない状態遷移を引き起こそうと試みる。

DER の意見	robustness test cases の作成について

robustness test cases には 2 つの種類がある：

1 software requirements から作成される robustness test cases

robustness requirements を入力として作成する test cases である。

2 software requirements から作成されない robustness test cases

software requirements では特定しきれないソフトウェアの異常な振る舞いを考慮して作成する test cases である。例えば、スタックオーバーフローの場合の振る舞いは software requirements では定めきれないことがある。その場合であっても、スタックオーバーフローを起こしても安全に動作することを保証するため test cases を作成するべきである。

また、software requirements (HLRs と LLRs) と test cases の関係を示す trace data を作成しなければならない。

開発事例 test cases のレイアウト

test cases のレイアウトの一例を、以下に示す：

[Test identifier]
test case title: [test case title]
test description: [test description]
Covers: [software requirements]

test identifier は、test case を一意に識別するための識別子である。test description は、テストのアプローチを記述する欄であり、pre-conditions (テストを実行する前に満たさなければならない条件) 、テストへの入力、期待する結果等を記述する。covers は、その test case によって tests される software requirements の identifier を記述する。上記のレイアウトに従って記述した例を、以下に示す：

HS0000100
Test case title: Thrust reverser is deployed.
Test description:
Pre-condition: Make sure engine is powered up.
Conditions: WOW is ON and thrust reverser signal is ON for 100ms.
Expected results: Thrust reverser deployment signal is ON.
Covers HLR---0100100, HLR-r-0100200

HS0000101
Test case title: Thrust reverser is not deployed (WOW is OFF)
Test description:
Pre-condition: Make sure engine is powered up.
Conditions: WOW is OFF and thrust reverser signal is ON for 100ms.
Expected results: Thrust reverser deployment signal is OFF.
Covers HLR---0100100, HLR-r-0100200

HS0000102

Test case title: Thrust reverser is not deployed

(thrust reverser signal is not ON for 100ms)

Test description:

Pre-condition: Make sure engine is powered up.

Conditions: WOW is ON and thrust reverser signal is ON for 99ms.

Expected results: Thrust reverser deployment signal is OFF.

Covers HLR---0100100, HLR-r-0100200

なお、test caseの作成を一貫性のあるものにするため、test caseのレイアウトはSVP、test plan、software verification standards (DO-178Cには要求されていないが) 等に定義されるべきである。

DER の意見 test cases の作成について

冗長性を省くため、1 つの test cases の中で、複数の条件を記述したものにしてもよい。例えば、開発事例 “test cases のレイアウト”に記載されている 3 つの例を 1 つにまとめ、1 つの test cases で網羅的に tests をしてもよい。例えば：

HS0000100

Test case title: Thrust reverser deployment

Test description:

Pre-condition: Make sure engine is powered up.

HS0000100-01: Thrust reverser is deployed.

Conditions: WOW is ON and thrust reverser signal is ON for 100ms.

Expected results: Thrust reverser deployment signal is ON.

HS0000100-02: Thrust reverser is not deployed (WOW is OFF)

Conditions: WOW is OFF and thrust reverser signal is ON for 100ms.

Expected results: Thrust reverser deployment signal is OFF.

HS0000100-03: Thrust reverser is not deployed (signal is not ON for 100ms)

Conditions: WOW is ON and thrust reverser signal is ON for 99ms.

Expected results: Thrust reverser deployment signal is OFF.

Covers HLR---0100100, HLR-r-0100200

開発事例	test identifier の例

test case の identifier の命名規則の一例を以下に示す。

MET $N_5N_4N_3N_2N_1Rev_2Rev_1$

MET	test cases が、どの tests 手法(詳細は 10.1 章を参照)で実行されるのかを識別する。 HS：hardware/software integration tests SW：software integration tests LL：low-level tests
$N_5N_4N_3N_2N_1$	test cases を識別するための連番を示す（**N_1**が 1 桁目、**N_2**が 2 桁目、**N_3**が 3 桁目、**N_4**が 4 桁目、**N_5**が 5 桁目である）。
Rev_2Rev_1	test case の連番の予備領域である。初期段階では共に 0 で埋めておき、後から test cases の連番の間に新たな test case を挿入したくなった場合、この予備領域を利用する。例えば、HS0100100 と HS0100200 の間に新たな test case を挿入したくなった場合、HS0100150 という識別子を作成する。

なお、test identifier の命名規約のためのガイドライン・ルールは、SVP、test plan、software verification standards 等に記載されるべきである。

開発事例 software requirements と test cases の関係を示す trace data の記述

software requirements (HLRs と LLRs) と test cases の関係を示す trace data は traceability matrix の形式で記述されることが多い。双方向の traceability matrix の例を、表 9-1 (ダウントレースの例) 及び表 9-2 (アップトレースの例) に示す。なお、test cases の文書に traceability matrix の section を設け、traceability matrix を文書化する。

表 9-1: ダウントレースの例

Software Requirements	Test Case
HLRd--0000100	HS0001400
	HS0001500
	HS0001600
	HS0001900
HLRd--0100100	HS0002400
HLR---0100200	HS0002400

表 9-2: アップトレースの例

Test Case	Software Requirements
HS0000100	HLR---0301200
	HLR---0301700
SW0000200	HLR---0700500
SW0000300	HLR---0300100
	HLR---0600300
	HLR---0600400

なお、SVP、test plan、software verification standards 等には、trace data の作成方針 (例えば、trace data を traceability matrix 形式で記述すること、また、traceability matrix のフォーマット等) について、述べるべきである。

9.1.2 Test Proceduresの作成

作成した test cases から、test procedures を作成する。DO-178C における test procedures の定義を以下に示す：

test procedures:

与えられた test cases のセットを、セットアップ、実行するための詳細な手順。また、それら test cases の実行結果を評価するための手順。

なお、test cases と test procedures の関係を示す trace data を作成しなければならない。

開発事例	test case と test procedures の関係
基本的に、1 つの test case から 1 つの test procedures を作成した: ● **test case** software requirements の実装を確認するためのシナリオを示す。 ● **test procedure** test case に指定されたシナリオを"どうやって"実行するかを示す詳細な手順を示す。	

開発事例 test procedures のレイアウト

test procedures のレイアウトの一例を以下に示す。

表 9-3: Test Procedures のレイアウト

Test Procedure				
Step	**A = Action, O = Observation**		**Pass/Fail**	**Notes**

- **Step 欄**

  test procedure の各 step の番号を記述する。例えば、"1"、"1-1"、"1-2"、"2"、"2-1"等である。

- **A = Action, O = Observation 欄**

  各 step の実施内容を記載する。その際、実施内容を明確にするため、1 列目と 2 列目を、以下のように使い分ける:

  1 列目: 実施内容が、action (software に inputs を与える活動、また、tests 装置の操作等) である場合、"A"と記載する。実施内容が、observation (software からの outputs を評価する活動) である場合、"O"と記載する。

  2 列目: action 及び observation の実施内容 (どこで実施するかを含め) を記述する。observation の場合、pass/fail の判定基準も記載する。

- **Pass/Fail 欄**

  observation の結果を、pass 又は fail にて記載する。

- **Notes 欄**

  test procedures の実行記録を記載する欄であり、tests 実行時に埋められる。例えば、pass/fail の結果を判定する際に利用した software outputs の記録、実施内容 (action 及び observation) からの逸脱 (ただし、認証機関により承認されない場合、再試験を実行する必要があるが) 等を記載する。

表 9-4 に、レイアウトに従って記述した test procedures の例を示す。

表 9-4: Test Procedures のレイアウト

Test Procedure				
Step	**A = Action, O = Observation**		**Pass/Fail**	**Notes**
1	**Setup**			
1-1	A	Set the following conditions: *engine_on_input* : 1 (powered up) *wow_input* : 1 (on ground) *thrust_rev_activate_input*: 0 (not activate)		
1-2	O	Confirm the output signal: thrust_rev_deploy : 0 (not deploy)		
2	**Set Test inputs**			
2-1	A	Set the following conditions for 100ms. *thrust_rev_activate_input*:1 (activate)		
3	**Observation**			
3-1	O	Confirm that: *thrust_rev_deploy* : 1 (deploy)		
4	**Turn systems off**			
4-1	A	XXXX		

なお、SVP、test plan、software verification standards 等には、test procedures のレイアウトについて、述べるべきである。

開発事例 test cases と test procedures の関係を示す trace data の記述

test cases と test procedures の関係を示す trace data については、trace の関係を暗黙的に示す手法がある。具体的には、test case と test procedure の関係を 1 対 1 の関係に保ち、test case の記載場所のすぐ下に対応する test procedures を記載することで trace の関係を示す。

また、test cases と test procedures の関係は 1 対 1 であるため、双方向の traceability matrix を作成する利点は少なく、文書化しない。

なお、SVP、test plan、software verification standards 等には、trace data の作成方針 (例えば、trace の関係を暗黙的に示すこと、また、traceability matrix を作成しないこと等) について、述べるべきである。

開発事例	test cases と test procedures の関係を示す trace data の記述 (その他の手法)

上記では、ドキュメント構成 (test case の記載場所のすぐ下に対応する test procedures を記載すること) により、暗黙的に trace data を記載することを示した。これ以外にも、例えば、命名規約等で暗黙的に trace をとる手法がある。例えば、test case の識別子が、TC_0100 の場合、対応する test procedure の識別子を TP_0100 にする、等である。

開発事例	dry run 実施による test procedures の確認

test procedures の正確性を検証するため、test procedures の dry run を実施することがある。dry run とは、test procedures 作成側の責任として、公式なテストの前に test procedures を事前に実行し、その内容を検証することである。公式なテストの前に dry run を実施しておくことで、test procedures の誤り (例えば、実行不可能な step 等) を最小化することが可能となる。

また、一般的に、test procedures は、repeatable (誰が何度やっても同じ結果になる) でなければならないと言われている。repeatability を保証するため、独立した人 (つまり、test procedures を作成していない人) による dry run 実施が推奨されている。独立性を保った dry run を実施することにより、test procedures の作成者にとっては明確な step であっても、test procedures を作成していない人にとっては明確ではない step を発見することが可能となるからである。

9.2 Test Generation Phase における Verification

表 9-5 に、DO-178C Annex A Table A-7: verification of verification process results のうち、の test generation phase における verification の objective を示す。

表 9-5: Testing (Test Generation) における Verification Objective

	Objective		Activity	Applicability by Software Level				Output		Control Category by Software Level			
	Description	Ref	Ref	A	B	C	D	Data Item	Ref	A	B	C	D
1	Test procedures are correct.	6.4.5.b	6.4.5	●	○	○		SVRs	11.14	②	②	②	
3	Test coverage of HLRs is achieved.	6.4.4.a	6.4.4.1	●	○	○	○	SVRs	11.14	②	②	②	②
4	Test coverage of LLRs is achieved.	6.4.4.b	6.4.4.1	●	○	○		SVRs	11.14	②	②	②	

objective 1 は、test cases が適切に test procedures に落とし込まれていること (矛盾がないこと) を review/analysis によって確認することで達成される。

objective 3 及び 4 は、requirements coverage analysis の objective である。本 objective を達成するための analysis は、requirements-based testing の完全性を評価するものである。それ故、objective の達成は、requirements-based testing の実施後である。しかし、その活動の多くは test cases 及び test procedures の verification において実施することが可能である (requirements-based testing の実施後に行うのは、ほぼ最終確認のみである) 。一般的に、test cases の review/analysis により、以下を確認する：

- **全ての software requirements は、test cases にトレースされているか。**

  全ての software requirements には、その実装を確認するための test cases が存在していなければならない。

- **全ての test cases は、software requirements にトレースされているか。**

  software requirements と trace 可能ではない test cases があってはならない。言い換えると、全ての test cases は software requirements から作成されていなければならない。

- **DO-178C で要求されている基準の通り、normal range test cases と robustness test cases が作成されているか。**

  DO-178C section 6.4.2.1 "normal range test cases" 及び section 6.4.2.2 "robustness test cases" に記載されている基準を満たす normal range test cases と robustness test cases を作成していなければならない (requirements-based testing によって、ソフトウェアの正常時及びソフトウェアの異常時の両方のソフトウェアの動作がテストされてなければならない)

- **test cases は正確か。**

  例えば、以下を確認する：

  - test のセットアップ (例えば、pre-condition) が特定されているか。
  - 関連のある全ての inputs は特定されているか。
  - 関連のある全ての outputs (値が変更される/変更されないに関わらず) が指定されているか。
  - outputs の値は、expected results として記述されているか。
  - expected results の値は、inputs と比較して正しいか。

推奨事項	TRR (test readiness review) の実施

DO-178C には要求されていないが、TRR (公式の tests 実施に進む準備ができているかを判断するための review) を実行することはよいプラクティスである。特に、TRR は、複数の組織が tests の作業に関わる場合、個々の組織の tests に関する準備が整っていることを保証するために重要となる。TRR は、例えば、以下の内容についてチェックする：

- SRD、design description、source code は作成され、baseline 化されている。
- test cases と test procedures は review/analysis され、また、baseline 化されている。
- テスト対象の software の部品番号は特定されている。
- テスト装置は、test plan に基づき、適切に構成されている。
- tests に関連する trace data は最新である。
- tests の実施スケジュールは、関連各位に展開されている。
- tests に関連のある PRs は、解決されている。

なお、TRR のチェックリストは、SVP、test plan、software verification standards 等に文書化されるべきである。

9.3 Test Generation Phase における SCM

表 2-4 に、DO-178C Annex A Table A-8 の SCM の objective を示す。本 phase では、objective 1 から 4 及び 6 が適用される。

objective 1 は、test cases、test procedures 及び関連する trace data を configuration item として識別する (つまり、管理・参照のため、文書番号等の識別子を付与し、適切にバージョンを管理する) ことで達成される。

objective 2 は、software library 内に test cases、test procedures 及び関連する trace data の baseline を適切に確立することで達成される。例えば、review/analysis 対象の test cases、test procedures 及び関連する trace data を保持する baseline、また、release 後の test cases、test procedures 及び関連する trace data を保持する baseline の確立等が考えられる。

objective 3 は、release 後の test cases、test procedures 及び関連する trace data に問題が見つかった場合に一連の problem reporting、change control、change review を実施し、また適切に CSA を実行することで達成される。

objective 4 は、archive、retrieval、release の活動を要求するものである。archive 及び retrieve の活動を test generation phase において実施する場合、本 objective は、適切に archive 及び retrieve の活動を実施することで達成される。また、release の対象である CC1 data (software level A から B において、test cases、test procedures 及び関連する trace data) について、適切に release の活動をすることで達成される。

objective 6 は、ソフトウェア開発に使用する tool を SECI に文書化し、また、tool の EOC を CC1 data 又は CC2 data として管理することで達成される。

9.4 Test Generation Phase における SQA

表 2-5 に、DO-178C Annex A Table A-9 の SQA の objective を示す。本 phase では、objective 2、4 が適用される。

objective 2 は、SQA の実施者がプロジェクトの活動に参加・監査することにより、作成された software plans に基づきプロジェクトが実施されていることを保証することで達成される。なお、software plans からの deviation (逸脱) がある場合、それが適切に記録され、評価され、解決されたことを保証しなければならない。

objective 4 は、プロジェクトにおいて、各 software plans に記載した transition criteria が守られていることを保証することで達成される。

9.5 Test Generation Phase における Certification Liaison

表 2-6 に、DO-178C Annex A Table A-10 の certification liaison process の objective を示す。ただし、本 phase において適用される objective はない。

10 Test Execution Phase

本章では、作成したtest proceduresを実行するtest execution phaseについて述べる。test execution phaseでは、test proceduresに従ってtestsを実施し、test proceduresとtest resultsの関係を示すtrace dataを作成し、これらの対しての verificationを実施する。また、関連のあるSCM、SQA、certification liaisonの活動もあわせて実施する。

10.1 Tests実施

test proceduresを実行し、testsを実施する。DO-178Cでは、以下の3種類のtests手法が規定されている。

(1) requirements-based hardware/software integration tests

実際のターゲット環境にてソフトウェアを実行するtestsである。本testsは、HLRsが正しく実装されていることをターゲットコンピュータにおいて保証するために実施するものである。本testsは、単にhardware/software integration testsと呼ばれることも多い。

(2) requirements-based software integration tests

テスト環境に関わらず、software requirements (HLRs及びLLRs) 間の相互作用、及び、software requirements・software architectureが正しく実装されていることを保証するため実施するtestsである。本testsは、単にsoftware integration testsと呼ばれることも多い。

(3) requirements-based low-level tests

テスト環境に関わらず、各software componentが、LLRsに従って作成されていることを証明するためのtestsである。本testsは、単にlow-level testsと呼ばれることも多い。

DO-178Cにおいて、上記のtestingの順番は規定されておらず、上記の3つの組み合わせでtestingをすればよいとされている。例えば、hardware/software integration testing及びsoftware integration testingのためのtest casesとtest proceduresが作成・実行され、requirements-based coverage analysis及びstructural coverage analysisが完了した場合、low-level testingを実行する必要はない。

また、testsの実施中、test resultsを作成する必要がある。

推奨事項	より高いレベルの tests 手法を重要視する

一般的に、software requirements (HLRs 及び LLRs) の実装及び structural coverage を、できるだけ実際の運用と近い環境で確認した方がよいと言われている。それ故、より高いレベルの tests 手法を重要視し、以下の順番で tests を実施する：

(1) hardware/software integration tests

最初に、できる限り hardware/software integration tests によって、software requirements の実装及び structural coverage を確認する。

(2) software integration tests

hardware/software integration tests によって実装を確認できない software requirements を対象に、software integration tests によって、その実装及び structural coverage を確認する。

(3) low-level tests

最後に、software integration tests によって実装を確認できない software requirements を対象に、low-level tests によって、その実装及び structural coverage を確認する。

開発事例	functional LLRs と data LLRs の関係とテスト方法

5.1.1.1 章に述べたように、functional LLRs はソフトウェアの処理内容、data LLRs はその処理にて利用されるグローバルデータを定義するものである。この場合、処理を持たない data LLRs のみを対象としてテストを行うことはできないため、functional LLRs と data LLRs をセットにして tests を実施し、data LLRs で定義したデータが正しく利用されていることを確認する。

開発事例	test reports の作成

外部の組織 (例えば、認証機関等) に tests の結果を報告するため、test results を分析・要約した test reports を作成することがある。test reports の記載内容の例を以下に示す：

- tests 記録
  - test 対象の software version
  - test 環境
  - 何個の requirements を tests したか
    - 上記のうち、何個 pass したか (何個の requirements の実装を確認できたか)
    - 上記のうち、何個 fail したか (何個の requirements の実装を確認できなかったか)
- tests 結果の一覧表
  - test procedures をリストアップし、それぞれの pass/fail の記述
  - requirements をリストアップし、それぞれの pass/fail の記述
- fail した結果の要約
- test coverage analysis (詳細は、11 章にて述べる) の結果の要約
  - requirements coverage analysis の結果の要約
  - structural coverage analysis の結果の要約
- traceability matrix (必要に応じて)
  - software requirements と test cases
  - test cases と test procedures
  - test procedures と test results

10.1.1 Test Generation Phase 及び Test Execution Phase の Objectives

表 10-1 に test generation phase 及び test execution phase において適用される DO-178C Annex A Table A-6 の objective を示す。

表 10-1: Testing における Objective

	Objective		Activity	Applicability by Software Level				Output		Control Category by Software Level			
	Description	Ref	Ref	A	B	C	D	Data Item	Ref	A	B	C	D
1	EOC complies with HLRs.	6.4.a	6.4.2 6.4.2.1 6.4.3 6.5	○	○	○	○	SVCP SVRs Trace data	11.13 11.14 11.21	① ② ①	① ② ①	② ② ②	② ② ②
2	EOC is robust with HLRs.	6.4.b	6.4.2 6.4.2.2 6.4.3 6.5	○	○	○	○	SVCP SVRs Trace data	11.13 11.14 11.21	① ② ①	① ② ①	② ② ②	② ② ②
3	EOC complies with LLRs.	6.4.c	6.4.2 6.4.2.1 6.4.3 6.5	●	●	○		SVCP SVRs Trace data	11.13 11.14 11.21	① ② ①	① ② ①	② ② ②	
4	EOC is robust with LLRs.	6.4.d	6.4.2 6.4.2.2 6.4.3 6.5	●	○	○		SVCP SVRs Trace data	11.13 11.14 11.21	① ② ①	① ② ①	② ② ②	
5	EOC is compatible with target computer.	6.4.e	6.4.1.a 6.4.3.a	○	○	○	○	SVCP SVRs	11.13 11.14	① ②	① ②	② ②	② ②

objective 1 から objective 4 は、基本的に、以下を実施することにより達成される：

- software requirements (HLRs 及び LLRs) から、test cases (normal range test cases 及び robustness test cases) を作成する。
- test procedures を作成する。
- tests を実施 (すなわち、作成した test procedures を実行) し、test results を作成する。また、必要であれば test reports を作成する。
- tests に関連のある trace data を作成する。
  - software requirements と test cases の trace data
  - test cases と test procedures の trace data
  - test procedures と test results の trace data

objective 5 は、ターゲットコンピュータの環境にて、hardware/software integration testing を実施することによって達成される (いくつかのエラーは、ターゲットコンピュータの環境でのみ検出されるため、そのエラー発見のため本 objective が要求されている) 。

10.2 Test Execution Phase における Verification

10.2.1 Test results の Verification

表 10-2 に、DO-178C Annex A Table A-7: verification of verification process results の objective のうち、test execution phase における verification の objective を示す。

表 10-2: Testing (Test Execution) における Verification Objective

	Objective		Activity	Applicability by Software Level				Output		Control Category by Software Level			
	Description	Ref	Ref	A	B	C	D	Data Item	Ref	A	B	C	D
2	Test results are correct and discrepancies explained.	6.4.5.c	6.4.5	●	○	○		SVRs	11.14	②	②	②	

objective 2 は、以下の内容を、review/analysis により確認することによって達成される。

- test results が正しいこと
- fail (不合格) の test results があった場合、期待された結果と実際の結果の間の不一致が、説明されていること (例えば、PRs や test reports に) 。

DER の意見	test results の正確性の確認について

"tests results が正しいこと"を確認するには、tests results が pass (合格) であることを確認するだけでは不十分である。30%ほどの test procedures をサンプリングして再度 tests を実施し、tests results に相違ないことを確認すべきである。

11 Test Coverage Analysis Phase

DO-178Cでは、requirements-based testingの完全性 (完了の程度) を計測するため、2 step の test coverage analysis を実施することを求めている。

(Step 1) software requirements-based test coverage analysis
(Step 2) structural coverage analysis

11.1 Software Requirements-based Test Coverage Analysis

表 11-1 に、DO-178C Annex A Table A-7: verification of verification process results のうち、software requirements-based test coverage analysis (requirements coverage analysis) の objective を示す。

表 11-1: Requirements Coverage Analysis の Objective

	Objective		Activity	Applicability by Software Level				Output		Control Category by Software Level			
	Description	Ref	Ref	A	B	C	D	Data Item	Ref	A	B	C	D
3	Test coverage of HLRs is achieved.	6.4.4.a	6.4.4.1	●	○	○	○	SVRs	11.14	②	②	②	②
4	Test coverage of LLRs is achieved.	6.4.4.b	6.4.4.1	●	○	○		SVRs	11.14	②	②	②	

9.2 章で述べたように、一般的に、上記 2 つの objective の達成に必要な verification の活動の多くは、test generation phase における review/analysis において実施することが可能である。それ故、本 phase における review/analysis はほぼ最終確認のみである。最終確認としては、以下を実施する：

- **全ての software requirements が tests されたこと**
  本確認は、software requirements と test cases の関係を示す trace data 及び test cases と test procedures の関係を示す trace data を用いて実施されることが多い。

- **test cases が適切に作成されたこと**
  DO-178C section 6.4.2.1 及び section 6.4.2.2 に記載されている基準を満たす normal range test cases と robustness test cases を作成していること。

- **全ての test cases は、software requirements に trace 可能であること**
  全ての test cases は software requirements から作成されていること

なお、仮に上記の確認によって実行した requirements-based testing の問題が発見された場合、それを解決し（例えば、test cases の追加、test cases の内容改善等）、再び requirements-based testing を実施しなければならない。一方、requirements-based test coverage analysis が完了したら、次は structural coverage analysis を実施する。

11.2 Structural Coverage Analysis

structural coverage analysis は、requirements-based test procedure を実行することによって、どの程度の code structure が実行されたかを確認するものである。structural coverage analysis は、表 11-2 に示す通り、analysis 対象となる software structure に着目して 2 つに分類できる：

(1) モジュール内 code structure を確認対象とした structural coverage analysis
(2) モジュール間 code structure を確認対象とした structural coverage analysis

表 11-2: Structural Coverage Analysis の一覧

#	Analysis 対象の Code structure	Structural Coverage Analysis	適用される Software Level			
			A	B	C	D
1	モジュール内 code structure	statement coverage analysis	●	●	○	
2		decision coverage analysis	●	●		
3		MC/DC analysis	●			
4	モジュール間 code structure	data coupling coverage analysis	●	●	○	
5		control coupling coverage analysis	●	●	○	
6	additional code	additional code verification	●			

注　"モジュール"とは、プログラムの一部分やコンポーネントを意味している。

(1) モジュール内 code structure の structural coverage analysis

statement coverage analysis、decision coverage analysis、MC/DC analysis は、モジュール内の code structure である"statement"、"decision"、"condition"等を analysis の対象としている。可能な限り統合されたモジュール (最終的なソフトウェアプログラム構造)を使用して tests された結果を analysis するべきである。しかし、不可能なものは、analysis 対象が"モジュール内"の code structure であるため、統合されたモジュールを使用して analysis を実施しなくてもよいとされている。すなわち単体環境での tests 結果を analysis してもよい。ただし、一般的には、その割合は全体の 15%程度に抑えるべきであると言われている。

(2) モジュール間 code structure の structural coverage analysis

data coupling coverage analysis 及び control coupling coverage analysis は、モジュール間の code structure を analysis の対象としている。data coupling coverage analysis は、モジュール間の data に関する相互作用を analysis の対象としており、一方、control coupling coverage analysis は、モジュール間の control に関する相互作用を analysis の対象としている。これらの analysis 対象は"モジュール間"の code structure であるため、統合されたモジュール (少なくとも coupling を確認するモジュール同士が統合された環境) を使用して analysis が実施される必要がある。

注　表 11-2 に示す additional code verification は、software level A のみに要求される objective であり、上記の (1) 及び (2) には属するものではない。

開発事例	structural coverage analysis 実施フロー

structural coverage analysis の実施フローの一例を以下に示す：

Step 1. coverage 計測用コードの埋め込み

requirements-based testing で利用した source code に structural coverage 計測用のコードを埋め込む。

Step 2. requirements-based tests の再実施

計測用コードを埋め込んだコードを利用し、再度、requirements-based test procedures を実行する。test procedures の実行後、計測用コードを埋め込まなかった requirements-based testing の結果と、計測用コードを埋め込んだ本 tests の結果を比較し、相違ないことを確認する（基本的には、全て pass（合格）である必要がある）。

Step 3. structural coverage の計測及び追加の analysis の実施

結果に相違がない場合、structural coverage を計測する。実行されなかった code structure があった場合、その解決のために以下の活動が必要となる：

(a) requirements-based test cases/test procedures の追加

原因を分析した結果、test cases/procedures の不足が判明した場合、test cases/procedures を追加し、再び requirements-based testing を実施する必要がある。

(b) software requirements の追加

原因を分析した結果、software requirements の不足（例えば、機能を文書化し忘れた等）が判明した場合、software requirements を追加/更新し、test cases/procedures を追加/更新し、再び requirements-based を実施する必要がある。

(c) extraneous code 及び dead code の削除

原因を分析した結果、extraneous code 及び dead code の存在が判明した場合、それらは削除される必要がある。また、必要であれば、再び requirements-based testing を実施する必要がある。

(d) analysis による coverage

原因を分析した結果、「なぜ実行されなかったのか」について、正当な理由付けができる場合（例えば、防衛的プログラミングのコード、deactivated code 等）、問

題はない (解決のための活動は必要ない) 。

Step 4. structural coverage analysis の完了の判断

以下の coverage を足しあわせ、100%になれば、structural coverage は終了である。

- tests による coverage
- analysis による coverage (Step 3 (d))

TIPS	structural coverage 計測用コードの埋め込みについて

計測用コードを埋め込まないコードを利用した tests 結果が pass (合格)していたとしても、計測用コードを埋め込んだコードを利用して再度 tests を実行した場合、計測用コードによる処理時間増加により pass (合格) しないケースが発生することがある。その際は、計測用コードの埋め込みを処理時間の影響のない範囲で部分的に行い、tests を実行する。これを複数回行い、全体としての structural coverage を計測する方法がある。

11.2.1 Structural Coverage Analysis (モジュール内)

表 11-3 に、DO-178C Annex A Table A-7: verification of verification process results の objective のうち、structural coverage analysis (モジュール内) の objective を示す。DO-178C では、software level が高い程、求められる structural coverage analysis の厳格さが増す。例えば、software level C の場合、モジュール内の structural coverage analysis として、statement coverage analysis のみが要求される。一方、software level A の場合、さらに decision coverage analysis と MC/DC が要求され、また、それらは独立性をもって確認されなければならない。

表 11-3: Structural Coverage Analysis (モジュール内) の Objective

	Objective		Activity	Applicability by Software Level				Output		Control Category by Software Level			
	Description	Ref	Ref	A	B	C	D	Data Item	Ref	A	B	C	D
5	Test coverage of software structure (modified condition/decision coverage) is achieved.	6.4.4.c	6.4.4.2.a 6.4.4.2.b 6.4.4.2.d 6.4.4.3	●				SVRs	11.14	②			
6	Test coverage of software structure (decision coverage) is achieved.	6.4.4.c	6.4.4.2.a 6.4.4.2.b 6.4.4.2.d 6.4.4.3	●	●			SVRs	11.14	②	②		
7	Test coverage of software structure (statement coverage) is achieved.	6.4.4.c	6.4.4.2.a 6.4.4.2.b 6.4.4.2.d 6.4.4.3	●	●	○		SVRs	11.14	②	②	②	

表 11-4 に、structural coverage analysis (モジュール内) の定義を整理したものを示す。表において、"○"で示されているものは、coverage 基準が適用されるものである。

表 11-4: Structural Coverage Analysis (モジュール内) の整理

#	Coverage の基準	Statement Coverage	Decision Coverage	MC/DC
1	全ての statement は、少なくとも 1 回、呼び出されている。	○		
2	全ての entry point と exit point は、少なくとも 1 回、呼び出されている。		○	○
3	全ての decision は、TRUE・FALSE の両方の値で評価されている。		○	○
4	decision 内の全ての condition は、TRUE・FALSE の両方の値で評価されている。			○
5	decision 内の全ての condition は、decision の結果に独立して影響を与えることが示されている。			○

11.2.1.1 (補足) 用語の説明

個々の structural coverage analysis (モジュール内) の詳細を扱う前に、前提知識として理解が必要である用語についてあらかじめ説明する。その説明では、図 11-1 に示された C 言語により記述されたコード部分を例にとって考える。

```
1:  int isComfortable;          /* 快適かどうか */
2:  int isComfortableHumid; /* 快適な湿度かどうか */
3:  int isComfortableTemp;   /* 快適な温度かどうか */
4:
5:  double CurtHumid;   /* 部屋の現在の湿度 [単位:%] */
6:  double CurtTemp;     /* 部屋の現在の気温 [単位:degree C] */
7:  int PeopleNumber;   /* 現在部屋にいる人の数 [単位:人] */
8:  /* --- 中略 ---*/
9:  if ( (50 < CurtHumid) && (CurtHumid < 60) )
10:  {
11:        isComfortableHumid = TRUE;
12:  }
13:  else
14:  {
```

```
15:         isComfortableHumid = FALSE;
16:   }
17:
18:   isComfortableTemp =
19:         (! (CurtTemp < 10) ) ? TRUE : FALSE;
20:
21:   isComfortable = isComfortableHumid && isComfortableTemp;
22:
23:   if ( (isComfortable == FALSE) && (PeopleNumber > 0) ||
24:       (isComfortable == FALSE) && (PeopleNumber < 10) )
25:   {
26:         ControlAirCondition () ;
27:   }
```

図 11-1: C言語により記述されたコードの一部

11.2.1.1.1 Boolean Expression

DO-178C において、Boolean expression は、「TRUE、又は、FALSE の値を返す式」と定義されている。そのため、例えば、図 11-1 の 9 行目の以下の式は、Boolean expression である：

- (50 < CurtHumid) && (CurtHumid < 60)

さらに、上記の Boolean expression において、以下の部分式もまた Boolean expression である（入れ子になった Boolean expression である）：

- (50 < CurtHumid)
- (CurtHumid < 60)

11.2.1.1.2 Condition

DO-178C において、condition は、「not を除く Boolean operator を含まない Boolean expression」と定義されている（"Boolean operator"は、Boolean expression を結合するために使用される演算子であり、例えば、and、or、xor (exclusive or)、not がある）。condition の定義より、例えば、図 11-1 の 9 行目の以下の部分式は、condition である：

- (50 < CurtHumid)
- (CurtHumid < 60)

しかし、9 行目の以下の式は、condition ではない。この Boolean expression には、not 以外の Boolean operator を含まれているためである：

- (50 < CurtHumid) && (CurtHumid < 60)

一方、19 行目の以下の式には Boolean operator が含まれるが、これは condition である。含まれる Boolean operator が not であるからである。

- ! (CurtTemp < 10)

11.2.1.1.3 Decision

DO-178C において、decision は、「condition 及び 0 個以上の Boolean operator から構成される Boolean expression である。一つの decision の中に複数の condition が現れた場合、それぞれは独立した condition である」と定義されている。例えば、図 11-1 の 9 行目、23 行目及び 24 行目の以下は decision である。

- (50 < CurtHumid) && (CurtHumid < 60)
- ((isComfortable == FALSE) && (PeopleNumber > 0) ||
  (isComfortable == FALSE) && (PeopleNumber < 10))

なお、DO-178C の"decision"は、一般的に利用される"decision"という単語より多くの意味を含んでいる。一般的に"decision"は、プログラムの流れを制御する if 文等に現れる制御式のみを指すことが多い。しかし、DO-178C においては、プログラムの流れを直接制御する構造内に現れるかどうかに関わらず、全ての decision を確認すべきであると述べている。従って、21 行目の以下の式は if 文等の制御式ではないが、decision として扱われる必要がある：

- isComfortableHumid && isComfortableTemp

さらに、decision の定義の 2 文目より、以下は、それぞれ別の condition として扱われる必要がある：

- 23 行目の (isComfortable == FALSE)
- 24 行目の (isComfortable == FALSE)

11.2.1.2 Statement Coverage

表 11-4 で示す通り、statement coverage を達成するためには、requirements-based testing の結果、プログラム内の全ての statement が、少なくとも 1 回は呼び出されたことを示す analysis が必要となる。"statement"の定義は、利用するプログラミング言語によって異なるため、その定義については利用するプログラミング言語のリファレンスマニュアルを確認する必要がある。

3 つの coverage (statement coverage、decision coverage、MC/DC) の中で、statement coverage は、最も緩い尺度である。これは、表 11-4 に示している通り、statement coverage はプログラム内の decision や condition を coverage の基準としていないからである。それ故、たとえ 100%の statement coverage を達成したとしても、プログラム内の decision や condition の誤りを発見できない可能性がある。例えば、以下のようなコード部分について考える。(**A** or **B**) は decision であり、**A** 及び **B** は、condition である。

```
if (A or B)
{
    C = 0;
}
```

この時、上記のコード構造に対して、requirements-based tests cases が (**A**, **B**) = (TRUE, TRUE) という入力を与えた時、decision の結果は TRUE となり、全ての statement が実行される。しかし、Boolean operator を誤って以下のように記述してしまった場合においても、全ての statement が実行されてしまい、decision の記述ミスを発見できない可能性がある。

```
if (A and B)
{
    C = 0;
}
```

11.2.1.3 Decision Coverage

表 11-4 で示す通り、decision coverage を達成するためには、requirements-based testing の結果の analysis により、以下を示す必要がある：

(1) 全ての entry point と exit point は、少なくとも 1 回、呼び出されている。
(2) 全ての decision は、TRUE・FALSE の両方の値で評価されている。

(2) について、11.2.1.1.3 章で述べたように、プログラムの流れを直接制御する構造内にあるかどうかに関わらず、プログラム内の全ての decision の結果を確認する必要がある。従って、if 文の制御式などに利用される decision 以外にも、代入文や関数の実引数に現れる decision も確認の対象となる。例えば、図 11-1 の下記のコード部分において、

```
21:  isComfortable = isComfortableHumid && isComfortableTemp;
22:
23:  if ( (isComfortable == FALSE) && (PeopleNumber > 0) ||
24:      (isComfortable == FALSE) && (PeopleNumber < 10) )
25:  {
26:       ControlAirCondition () ;
27:  }
```

以下の 2 つの decision が存在し、requirements-based testing によって TRUE・FALSE の両方の値で評価されたことを示さなければならない：

- isComfortableHumid && isComfortableTemp
- ((isComfortable == FALSE) && (PeopleNumber > 0) ||
  (isComfortable == FALSE) && (PeopleNumber < 10))

このように、プログラム内の全ての decision を decision coverage の対象としている理由としては、図 11-1 の例で示されているように、if 文等の制御構造の外側において、中間的な decision の値（例えば、"isComfortable"）が保存され、保存された中間的な decision の値は、その後に program の流れを制御するため制御構造の decision にて利用されるからである。制御構造（if 文等）で利用される decision の複雑性を低減するため、if 文の外側で中間的な decision を作成することはしばしば行われることであり、DO-178C では、それらも coverage 対象とすることで、より厳格な decision coverage を要求している。

decision coverage は、statement coverage よりは厳しい尺度であるが、MC/DC よりは緩い尺度である。表 11-4 に示している通り、decision coverage にはプログラム内の condition についての基準が含まれておらず、それ故、100%の decision coverage を達成しても condition の誤りを発見できない可能性があるためである。例えば、以下のようなコードがあった場合について考える。（**A** or **B**）は decision であり、**A** 及び **B** は、condition である。

```
if (A or B)
{
     C = 0;
}
```

さらに、上記のコード構造を誤って、以下のように記述してしまったとする。

```
if (A)
{
    C = 0;
}
```

この時、requirements-based test cases により、(**A**, **B**) = (TRUE, FALSE) 、(FALSE, FALSE) という入力を与えた場合、上記 2 つのコード構造の decision は TRUE・FALSE の両方の値で評価されるため、decision coverage の基準を満たしてしまい、condition の記述ミスを発見できない可能性がある。

11.2.1.4 Modified Condition/Decision Coverage

表 11-4 で示す通り、MC/DC を達成するためには、requirements-based testing の結果の analysis により、以下を示す必要がある：

(1) 全ての entry point と exit point は、少なくとも 1 回、呼び出されている。
(2) 全ての decision は、TRUE・FALSE の両方の値で評価されている。
(3) decision 内の全ての condition は、TRUE・FALSE の両方の値で評価されている。
(4) decision 内の全ての condition は、decision の結果に独立して影響を与えることが示されている。

MC/DC は decision coverage より厳しい尺度であり、decision coverage と比べ、(3) の condition に関する基準、(4) の condition の独立性に関する基準が追加されている。特に、(4) の condition の独立性に関する基準は、各 condition の decision への影響が個別に評価されることを保証するものである。DO-178C では、この condition の独立性に関する基準を確認する手段として、以下の 2 つのアプローチを示している：

(1) unique-cause approach to MC/DC
　(unique-cause MC/DC と呼ばれることが多い)
(2) masking approach to MC/DC
　(masking MC/DC と呼ばれることが多い)

11.2.1.4.1 Unique-cause MC/DC

unique-cause MC/DC は、ある単独 (unique) の condition の値のみを変更することによって (その他の全ての condition の値は固定しておく) 、その condition が独立して decision の結果に影響を与えることを示すアプローチである。もし、ある単独の condition の値のみを変更した時に、それ単独で decision の結果 (TRUE 又は FALSE) を決定付けている場合、その condition は decision の結果に独立して影響を与えているということができるからである。例えば、C1、C2、C3 の 3 つの conditions から構成される decision に対して、以下が成立している場合、「C1 は、decision の結果に独立して影響を与えている」と言うことができる。

- C1 の値を変更した時、decision の値が変更される。
- C2 及び C3 の値は固定されている (変更されない) 。

requirements-based test cases が、unique-cause MC/DC の基準を満たしているかの確認には、真理値表が利用されることが多い。表 11-5 に、以下の decision の真理値表を示す：

Z = (**A** or (**B** and **C**)) : **A**、**B**、**C** は condition である。

表 11-5: (A or (B and C)) の真理値表及び Independence Pair

#	Condition			結果	Independence Pair		
	A	B	C	Z	A	B	C
1	FALSE	FALSE	FALSE	FALSE	5		
2	FALSE	FALSE	**TRUE**	FALSE	6	4	
3	FALSE	**TRUE**	FALSE	FALSE	7		4
4	FALSE	**TRUE**	**TRUE**	**TRUE**		2	3
5	**TRUE**	FALSE	FALSE	**TRUE**	1		
6	**TRUE**	FALSE	**TRUE**	**TRUE**	2		
7	**TRUE**	**TRUE**	FALSE	**TRUE**	3		
8	**TRUE**	**TRUE**	**TRUE**	**TRUE**			

注　強調のため、**TRUE** を太文字で表記している。

ある condition が、それ単独で decision の結果に影響を与えることを示すための test case のペアを"independence pair"と呼ぶ。上記の真理値表において、"Independence Pair"列は、各 condition の independence pair を示している。

例えば、#1 と#5 は、condition **A** に関する independence pair である。これは、以下が成立しているからである。

- condition **A** の値が、変更されている（#1: FALSE、#5:TRUE）
- condition **B** 及び condition **C** の値は、固定されている（FALSE のままである）
- condition **A** の値の変更に伴い、結果 **Z** の値が変更されている（#1: FALSE、#5:TRUE）。

また、同様に、#2 と#6 は、condition A に関する independence pair である。これは、以下が成立しているからである。

- condition **A** の値が、変更されている（#2: FALSE、#6:TRUE）
- condition **B** 及び condition **C** の値は、固定されている（condition **B** は、FALSE のままである。また、condition **C** は、TRUE のままである）
- condition **A** の値の変更に伴い、結果 **Z** の値が変更されている（#2: FALSE、#6:TRUE）。

同様の考えで、表 11-5 の真理値表より、各 condition の independence pair を抽出すると、以下のようになる：

condition **A**: {#1, #5}、{#2, #6}、{#3, #7}
condition **B**: {#2, #4}
condition **C**: {#3, #4}

requirements-based test cases としては、上記の各 condition に対して、少なくとも 1 つの independence pair を持つ test cases が必要となる。なお、MC/DC (unique-cause MC/DC 及び masking MC/DC の両方) において、一般的に、n 個の入力を持つ decision に対して、基準を満たすために最低限（n+1）個の test cases が必要となる。例えば、″**Z** = (**A** or (**B** and **C**)) ″の場合、入力（condition）が 3 つであるため、最低限 4 個の test cases が必要となり、その組み合わせは{#2,#3,#4,#6}、又は、{#2,#3,#4,#7}である。

なお、unique-cause MC/DC は、decision 内に″coupled condition″が存在する場合には、適用できない。″coupled condition″とは、decision 内に現れる同一の condition である。例えば、″ (**A** and **B**) or (**A** and **C**) ″という decision があった場合、″1 つ目の condition **A**″と″2 つ目の condition **A**″は、″coupled condition″である。そして、decision の定義より、″1 つ目の condition **A**″と″2 つ目の condition **A**″は、別の condition として扱わなければならない。この場合、″1 つ目の condition **A**″の値を変更した時、″2 つ目の condition **A**″の値も同時に変更されてしまい、それ故、″1 つ目の condition **A**″のみが decision の値に独立して影響を与える test cases のペアを作成することができない。この問題を解決するためには、以下の 3 つの手法が考えられる：

(1) SCStd に coupled conditions を持つ decision を許可しないと記述する。

(2) ”coupled condition”を持つ decision には、masking MC/DC を利用するが、”coupled condition”を持たない decision には、unique-cause MC/DC を利用する。
(3) 全ての decision に対して、masking MC/DC を利用する。

11.2.1.4.2 Masking MC/DC

unique-cause MC/DC は、単独の condition の値のみを変更し、他の全ての condition の値を固定し、condition の影響の独立性を確認する手法である。一方、masking MC/DC は、単独の condition に加え、**decision の結果に影響を与えないその他の conditions の値も変更してよい**アプローチである。

例えば、以下の decision について考える。また、表 11-6 に、その真理値表を示す：

Z = (**A** and (**B** or **C**))：**A**、**B**、**C** は condition である。

表 11-6: (A and (B or C)) の真理値表

#	Condition		結果
	A	**(B** or **C)**	**Z**
1	FALSE	FALSE	FALSE
2	FALSE	**TRUE**	FALSE
3	**TRUE**	FALSE	FALSE
4	**TRUE**	**TRUE**	**TRUE**

注　強調のため、**TRUE** を太文字で表記している。

表 11-6 より、” (**B** or **C**) ”の結果が TRUE の場合、condition **A** の値が、そのまま結果 **Z** に反映されており、condition **A** は decision の結果に独立して影響を与えているということができる。この場合、masking MC/DC では、” (**B** or **C**) ”の結果が TRUE である限り、condition **B** 及び condition **C** のそれぞれの値を固定する必要はないとしている（つまり、これらの condition の値を変更してもよい）。

また、さらに、以下の decision について考える。表 11-7 に、その真理値表を示す：

Z = (**A** or (**B** and **C**))：**A**、**B**、**C** は condition である。

表 11-7: (A or (B and C)) の真理値表

#	Condition		結果
	A	(B and C)	Z
1	FALSE	FALSE	FALSE
2	FALSE	**TRUE**	**TRUE**
3	**TRUE**	FALSE	**TRUE**
4	**TRUE**	**TRUE**	**TRUE**

注　強調のため、**TRUE** を太文字で表記している。

表 11-7 より、″(**B** and **C**)″の結果が FALSE の場合、condition **A** の値が、そのまま結果 **Z** に反映されており、condition **A** は decision の結果に独立して影響を与えているということができる。この場合、masking MC/DC では、″(**B** and **C**)″の結果が FALSE である限り、condition **B** 及び condition **C** のそれぞれの値を固定する必要はないとしている（つまり、これらの condition の値を変更してもよい）。

以上のように、masking MC/DC では、decision 内の中間的な部分式の分析が必要となる。

例として、表 11-8 に、以下の decision の真理値表及び independence pair の組み合わせを示す。

Z = (**A** or (**B** and **C**)) : **A**、**B**、**C** は condition である。

表 11-8: (A or (B and C)) の真理値表及び Independence Pair

#	Condition				結果	Independence Pair		
	A	B	C	(B and C)	Z	A	B	C
1	FALSE	FALSE	FALSE	FALSE	FALSE	5,6,7		
2	FALSE	FALSE	**TRUE**	FALSE	FALSE	5,6,7	4	
3	FALSE	**TRUE**	FALSE	FALSE	FALSE	5,6,7		4
4	FALSE	**TRUE**	**TRUE**	**TRUE**	**TRUE**		2	3
5	**TRUE**	FALSE	FALSE	FALSE	**TRUE**	1,2,3		
6	**TRUE**	FALSE	**TRUE**	FALSE	**TRUE**	1,2,3		
7	**TRUE**	**TRUE**	FALSE	FALSE	**TRUE**	1,2,3		
8	**TRUE**	**TRUE**	**TRUE**	**TRUE**	**TRUE**			

注　強調のため、**TRUE** を太文字で表記している。

例えば、#1 と#6 は、condition **A** に関する independence pair である。これは、以下が成立しているからである。

- condition **A** の値が、変更されている（#1: FALSE、#6:TRUE）
- “（B **and** C）”の結果が、FALSE である（condition **C** の値は変更されているが、condition **C** の値は decision の結果に影響を与えないため、変更してもよい）。
- condition **A** の値の変更に伴い、結果 **Z** の値が変更されている（#1: FALSE、#6:TRUE）。

表 11-8 の真理値表より、各 condition の independence pair を抽出すると、以下のようになる：

condition **A**: {#1, #5}, {#1, #6}, {#1, #7}, {#2, #5}, {#2, #6}, {#2, #7},
{#3, #5}, {#3, #6}, {#3, #7}
condition **B**: {#2, #4}
condition **C**: {#3, #4}

requirements-based test cases としては、上記の各 condition に対して、少なくとも 1 つの independence pair を持つ test cases が必要となる。上記の decision では、入力（condition）が 3 つあるため、最低限 4 個の test cases が必要となり、例えば、その組み合わせは{#2,#3,#4,#6}、{#2,#3,#4,#5}等である。

なお、表 11-5 及び表 11-8 に示す通り、masking MC/DC は、unique-cause MC/DC と比べ、independence pair の組み合わせが多くなるという特徴がある。これは、decision の結果に影響を与えない condition の値を変更してもよいからである。

また、単独の condition 以外の conditions の値を変更してもよいので、coupled condition があった場合でも、MC/DC の基準を満たすことが可能となる。例えば、表 11-9 に以下の decision の真理値表を示す。

Z = ((**A** and **B**) or (**A** and **C**)) : **A**、**B**、**C** は condition である。また、
1つ目の **A** と 2つ目の **A** は別の condition である。

表 11-9: ((A and B) or (A and C)) の真理値表及び Independence Pair

#	Condition						結果	Independence Pair			
	A	B	X	A	C	Y	Z	A	B	A	C
1	FALSE	FALSE	FALSE	FALSE	FALSE	FALSE	FALSE				
2	FALSE	FALSE	FALSE	FALSE	**TRUE**	FALSE	FALSE			4,8,12	
3	FALSE	FALSE	FALSE	**TRUE**	FALSE	FALSE	FALSE				4,8,12
4	FALSE	FALSE	FALSE	**TRUE**	**TRUE**	**TRUE**	**TRUE**			2,6,10	3,7,11
5	FALSE	**TRUE**	FALSE	FALSE	FALSE	FALSE	FALSE	13,14,15			
6	FALSE	**TRUE**	FALSE	FALSE	**TRUE**	FALSE	FALSE	13,14,15		4,8,12	
7	FALSE	**TRUE**	FALSE	**TRUE**	FALSE	FALSE	FALSE	13,14,15			4,8,12
8	FALSE	**TRUE**	FALSE	**TRUE**	**TRUE**	**TRUE**	**TRUE**			2,6,10	3,7,11
9	**TRUE**	FALSE	FALSE	FALSE	FALSE	FALSE	FALSE		13,14,15		
10	**TRUE**	FALSE	FALSE	FALSE	**TRUE**	FALSE	FALSE		13,14,15	4,8,12	
11	**TRUE**	FALSE	FALSE	**TRUE**	FALSE	FALSE	FALSE		13,14,15		4,8,12
12	**TRUE**	FALSE	FALSE	**TRUE**	**TRUE**	**TRUE**	**TRUE**			2,6,10	3,7,11
13	**TRUE**	**TRUE**	**TRUE**	FALSE	FALSE	FALSE	**TRUE**	5,6,7	9,10,11		
14	**TRUE**	**TRUE**	**TRUE**	FALSE	**TRUE**	FALSE	**TRUE**	5,6,7	9,10,11		
15	**TRUE**	**TRUE**	**TRUE**	**TRUE**	FALSE	FALSE	**TRUE**	5,6,7	9,10,11		
16	**TRUE**	**TRUE**	**TRUE**	**TRUE**	**TRUE**	**TRUE**	**TRUE**				

注 1　**X** = (**A** and **B**) 、**Y** = (**A** and **C**) である。

注 2　強調のため、**TRUE** を太文字で表記している。

しかし、上記の真理値表において、”1 つ目の condition **A**”及び”2 つ目の condition **A**”の値が異なる test cases (背景が灰色の行) を作成することは、実際には不可能である。そのため、それらの test cases を削除したものを、表 11-10 に示す。

表 11-10: ((A and B) or (A and C)) の真理値表 (実現可能な test cases のみ)

#	Condition						結果	Independence Pair			
	A	B	X	A	C	Y	Z	A	B	A	C
1	FALSE	FALSE	FALSE	FALSE	FALSE	FALSE	FALSE				
2	FALSE	FALSE	FALSE	FALSE	**TRUE**	FALSE	FALSE			12	
5	FALSE	**TRUE**	FALSE	FALSE	FALSE	FALSE	FALSE	15			
6	FALSE	**TRUE**	FALSE	FALSE	**TRUE**	FALSE	FALSE	15		12	
11	**TRUE**	FALSE	FALSE	**TRUE**	FALSE	FALSE	FALSE		15		12
12	**TRUE**	FALSE	FALSE	**TRUE**	**TRUE**	**TRUE**	**TRUE**			2,6	11
15	**TRUE**	**TRUE**	**TRUE**	**TRUE**	FALSE	FALSE	**TRUE**	5,6	11		
16	**TRUE**	**TRUE**	**TRUE**	**TRUE**	**TRUE**	**TRUE**	**TRUE**				

注　強調のため、**TRUE** を太文字で表記している。

表 11-10 の真理値表より、各 condition の independence pair を抽出すると、以下のようになる：

1 つ目の condition **A**: {#5, #15}, {#6, #15}
condition **B**: {#11, #15}
2 つ目の condition **A**: {#2, #12}, {#6, #12}
condition **C**: {#11, #12}

requirements-based test cases としては、上記の各 condition に対して、少なくとも 1 つの independence pair を持つ test cases が必要となる。上記の decision の場合、入力が 3 つ (condition は 4 つであるが、入力は 3 つ) であるため、最低限 4 個の test cases が必要となり、その組み合わせは、{#6,#11,#12,#15}である。

11.2.1.4.3 Unique-cause MC/DC と Masking MC/DC の比較・整理

DO-178C では、(1) unique-cause MC/DC 及び (2) masking MC/DC のどちらの MC/DC の利用も許可されている。以下、2 つの MC/DC を比較・整理した結果を示す：

- unique-cause MC/DC 及び masking MC/DC は、n 個の入力を持つ decision に対して、最低限 (n+1) 個の test cases が必要となる
- masking MC/DC は、coupled conditions を持つ decision にも適用できる。一方、unique-cause MC/DC は、coupled conditions を持つ decision には適用できない。
- masking MC/DC は、unique-cause MC/DC と比べ、independence pair の組み合わせが多くなる。masking MC/DC の independence pair は、unique-cause MC/DC の independence pair の上位集合 (スーパーセット) である。一般的に、より多くの independence pair が存在する方が、ツール (又は、人) が requirements-based test cases が MC/DC の基準を満たすかどうかの判定に要する時間が少なくなる傾向にある。

11.2.2 Structural Coverage Analysis (モジュール間)

表 11-11 に、DO-178C Annex A Table A-7: verification of verification process results の objective のうち、structural coverage analysis (モジュール間) の objective を示す。モジュール間の structural coverage analysis には、data coupling coverage analysis と control coupling coverage analysis がある。先にも述べたが、この 2 つの coverage analysis は、モジュール間の data 及び control に関する相互作用を coverage の対象としており、それ故、統合されたモジュール (つまり、最終的なソフトウェアプログラムの構造) においての analysis が必要となる。

モジュール間の structural coverage analysis の目的は、モジュール間相互作用の正確さを保証することである。保証のため、以下を示す必要がある：

- software design の通り、モジュール間が相互作用していること
- software design の通りではない方法で、モジュール間が相互作用していないこと

表 11-11: Structural Coverage Analysis (モジュール間) の Objective

	Objective		Activity	Applicability by Software Level				Output		Control Category by Software Level			
	Description	Ref	Ref	A	B	C	D	Data Item	Ref	A	B	C	D
8	Test coverage of software structure (data coupling and control coupling) is achieved.	6.4.4.d	6.4.4.2.c 6.4.4.2.d 6.4.4.3	●	●	○		SVRs	11.14	②	②	②	

11.2.2.1 Data Coupling Coverage 及び Control Coupling Coverage

data coupling coverage は、モジュール（又は、コンポーネント）間の data に関する相互作用の正確さを保証するものである。そのため、data coupling coverage では、以下であることを示す必要がある：

- software design にて定めた data flow の通り、モジュール間が相互作用していること
- software design にて定めた data flow には記述されていない方法で、モジュール間が相互作用していないこと

一方、control coupling coverage は、モジュール（又は、コンポーネント）間の control に関する相互作用の正確さを保証するものである。そのため、control coupling coverage では、以下であることを示す必要がある：

- software design にて定めた control flow の通り、モジュール間が相互作用していること
- software design にて定めた control flow には記述されていない方法で、モジュール間が相互作用していないこと

test coverage analysis phase では、上記項目を示すための analysis を実施する。ただし、これらの analysis を首尾よく実施するためには、software design phase から data flow・control flow について、入念に検討しておく必要がある：

(1) software design phase

software design process において、design description にコンポーネント（モジュール）間の data flow 及び control flow を適切に記述する（data flow 及び control flow の詳細は、本書の 5.1.1.1 章を参照。なお、ここで記述した data flow 及び control flow が、coverage analysis のための分母として利用される）。

記述したコンポーネント間の data flow 及び control flow の正確性及び一貫性を、verification により確認する。なお、関連する objective は、DO-178C Annex A Table A-4 objective 9 である（本書の 5.2 章を参照）。

(2) software coding phase

software coding process において、design description に記述された data flow 及び control flow に従い、source code を作成する。

作成した source code が、design description に記述されている data flow 及び control flow と整合していることを verification により確認する。なお、関連する objective は、DO-178C Annex A Table A-5 objective 2（本書の 6.2 章を参照）である。

(3) data coupling 及び control coupling coverage analysis の実施

requirements-based tests を実行することによって、以下を実施する。

data coupling coverage analysis:

- software design に定められたコンポーネント間の全ての data flow が、tests によって実行されたことを確認する（data flow 図により定められたコンポーネント間で受け渡されるデータの流れが、tests によって全て実行されたことを確認する）。
- tests 結果を分析し、software design に定められていない方法で、data に関する相互作用がなされていないことを確認する（tests 結果を分析することによって、data flow 図に定められていないデータの流れが発生していないことを確認する）。

control coupling coverage analysis:

- software design に定められた components 間の全ての control flow が、tests によって実行されたことを確認する（control flow 図に定められたコンポーネントの実行順序、実行間隔、条件による実行等の関係が、tests によって全て実行されたことを確認する）。

- tests 結果を分析し、software design に定められていない方法で、control に関する相互作用がなされていないこと（tests 結果を分析することによって、control flow 図に定められていないコンポーネント間の実行順序の関係等が発生していないことを確認する）。

一般的に、上記の（1）及び（2）が十分に実施されない場合、（3）における data coupling coverage analysis 及び control coupling coverage analysis を実施することはほとんど不可能であると言われている。

11.2.3 Additional Code Verification

DO-178C では、(1) source code、（2) object code、（3) EOC のうち、どのコード形式を利用して structural coverage を計測してもよいとしているが、実際には source code 上にて structural coverage を計測することが多い。しかし、一般的に、source code 上にて 100%の structural coverage を得た場合であっても、実際に航空機に搭載されるコード形式である EOC (又は、object code) 上では 100%の structural coverage を得られるとは限らない。これは、source code をコンパイル・リンクする時、コンパイラ・リンカが source code にトレースされない（source code レベルでは明らかではない）additional code を埋め込むことがあるからである。それ故、DO-178C では、表 11-12 に示すように（DO-178C Annex A Table A-7: verification of verification process results からの抜粋）、source code にトレースされない additional code の正確性を証明するため、additional code の verification を求めている（software level A の場合のみ）。

表 11-12: Structural Coverage Analysis (Additional code verification)

	Objective		Activity	Applicability by Software Level				Output		Control Category by Software Level			
	Description	Ref	Ref	A	B	C	D	Data Item	Ref	A	B	C	D
9	Verification of additional code, that cannot be traced to Source Code, is achieved.	6.4.4.c	6.4.4.2.b	●				SVRs	11.14	②			

本 objective を達成するための方法は、例えば、以下の 3 つの手法がある：

(手法 1)　source code 上で coverage を計測し additional code の正確性を示す手法

(手法 2)　source code 上で coverage を計測し additional code が生成されないことを立証する手法

(手法 3)　EOC (又は、object code) 上で coverage を計測する手法

(手法 1)　source code 上で coverage を計測し additional code の正確性を示す手法

source code 上にて structural coverage を計測し、かつ、コンパイラ・リンカが additional code を生成する場合、コンパイラ・リンカにより追加された additional code の正確性を確認する必要がある。その確認は、以降に示す 3 step で実施されることが多い。

step 1 : additional code の識別

additional code 部分 (source code レベルでは明らかではないが、object code や EOC のレベルでは存在するコンパイラ・リンカにより追加されたコード部分) を識別する。

step 2 :　additional code の機能性の識別

step 1 で識別した additional code 部分の機能性を識別する。例えば、additional code は、initializations、build-in error detection、exception handling、compiler-generated array-bound check のため追加されることが多いとされている。

step 3 :　additional code の verification

additional code の正確性を証明するための verification を実施する。本 verification では、コンパイラ・リンカにより埋め込まれた additional code が正しくその機能性を

実現しており、また、実際の運用において異常な動作を引き起こさないことを確認する。

(手法 2)　source code 上で coverage を計測し additional code が生成されないことを立証する手法

source code 上にて structural coverage を計測する場合であっても、コンパイラ・リンカが additional code を生成しないことを立証できれば本 objective は達成可能である。

(手法 3)　EOC (又は、object code) 上で coverage を計測する手法

source code 上ではなく、additional code を含む EOC (又は、object code) 上にて structural coverage を計測する。ただし、この場合、EOC (又は、object code) 上にて実施された structural coverage analysis が、source code レベルにおける structural coverage analysis と同レベルの信頼性であることを保証しなければならない (詳細は、DO-248C FAQ #42 を参照) 。

11.3 Test Execution Phase 及び Test Coverage Analysis Phase における SCM

表 2-4 に、DO-178C Annex A Table A-8 の SCM の objective を示す。本 phase では、objective 1、2，4、6 が適用される。

objective 1 は、test results/reports を configuration item として識別する（つまり、管理・参照のため、文書番号等の識別子を付与し、適切にバージョンを管理する）ことで達成される。

objective 2 は、必要性に応じ、software library 内に test results/reports の baseline を適切に確立することで達成される。

objective 4 は、archive、retrieval、release の活動を要求するものである。archive 及び retrieve の活動を test execution phase において実施する場合、本 objective は、適切に archive 及び retrieve の活動を実施することで達成される。

objective 6 は、ソフトウェア開発に使用する tool を SECI に文書化し、また、tool の EOC を CC1 data 又は CC2 data として管理することで達成される。

11.4 Test Execution Phase 及び Test Coverage Analysis Phase における SQA

表 2-5 に、DO-178C Annex A Table A-9 の SQA の objective を示す。本 phase では、objective 2、4 が適用される。

objective 2 は、SQA の実施者がプロジェクトの活動に参加・監査することにより、作成された software plans に基づきプロジェクトが実施されていることを保証することで達成される。なお、software plans からの deviation (逸脱) がある場合、それが適切に記録され、評価され、解決されたことを保証しなければならない。

objective 4 は、プロジェクトにおいて、各 software plans に記載した transition criteria が守られていることを保証することで達成される。

11.5 Test Execution Phase 及び Test Coverage Analysis Phase における Certification Liaison

表 2-6 に、DO-178C Annex A Table A-10 の certification liaison process の objective を示す。ただし、本 phase において適用される objective はない。

11.6 SOI #3 (Software Verification Review)

SOI #3 は、software verification review である。本 review は、一般的に、少なくとも 50% (EASA の場合は 75%) の testing (test cases の作成、test procedures の作成、tests 実行) を実施し、それらの verification を実施した後に実施される。

SOI#3 の review 対象は、SRD、design description、source code、EOC、PDI file、SVCP、 SVRs、SECI (test 環境も含む) 、SCI、PRs、SCM records、SQA record、software tool qualification data (tool qualification が必要な場合) である。

推奨事項	SOI#3 への準備

一般的に、SOI#3 への準備として、以下を実施する。

- 以前の SOI で発見された問題に対処し、認証機関との議論の準備をしておく。
- testing の戦略 (例えば、3 つの tests 手法をどの順番で実施するのか等) 、データ、ステータス、既知の問題等を、認証機関に説明する準備をしておく。
- 作成した分の test cases、test procedures の review/analysis が実施されていることを保証する。
- 作成した data を、認証機関のリクエストに応じて、利用できるようにしておく (提出できる形にしておく) 。
- 必要に応じ、tests を実行できるようにしておく。
- job aid の SOI#3 部分の question に対する応答を準備する。

DER の意見	SOI#3 における確認項目

trace data は非常に重要であり、SOI#3 において重点的に確認することとなる。そのため、認証の申請者は、software requirements、test cases、test procedures、test results までの一連の trace data を用意し、それら trace data の作成について説明できるようにしておくべきである。

12 Final Certification Phase

本章では、認証の最終段階の活動について述べる。

12.1 Final Certification Phase における Verification

本 phase に適用される verification の objective はない。

12.2 Final Certification Phase における SCM

表 2-4 に、DO-178C Annex A Table A-8 の SCM の objective を示す。本 phase では、objective 1 から 4 及び 6 が適用される。

objective 1 は、SAS 及び SCI を configuration item として識別する (つまり、管理・参照のため、文書番号等の識別子を付与し、適切にバージョンを管理する) ことで達成される。

objective 2 は、software library 内に SAS 及び SCI の baseline を適切に確立することで達成される。

objective 3 は、release 後の CC1 data (SAS 及び SCI) に問題が見つかった場合に一連の problem reporting、change control、change review を実施し、また適切に CSA を実行することで達成される。

objective 4 は、archive、retrieval、release の活動を要求するものである。archive 及び retrieve の活動を final certification phase において実施する場合、本 objective は、適切に archive 及び retrieve の活動を実施することで達成される。また、release の対象である CC1 data (SAS 及び SCI) について、適切に release の活動をすることで達成される。

objective 6 は、ソフトウェア開発に使用する tool を SECI に文書化し、また、tool の EOC を CC1 data 又は CC2 data として管理することで達成される。

12.3 Final Certification Phase における SQA

表 2-5 に、DO-178C Annex A Table A-9 の SQA の objective を示す。本 phase では、objective 2、4、 5が適用される。

objective 2 は、SQA の実施者がプロジェクトの活動に参加・監査することにより、作成された software plans に基づきプロジェクトが実施されていることを保証することで達成される。なお、software plans からの deviation (逸脱) がある場合、それが適切に記録され、評価され、解決されたことを保証しなければならない。

objective 4 は、プロジェクトにおいて、各 software plans に記載した transition criteria が守られていることを保証することで達成される。

objective 5 は、software conformity review を実施することにより達成される。

12.3.1 Software Conformity Review の実施

software conformity review は、一般的に、software プロジェクトの最後にて実施されるものであり、以下を保証するために実施するものである：

- software life cycle process は完了した。
- software life cycle data は完全である。
- EOC はコントロールされており、再生成可能である。

review においては、以下を判定する：

- 認証のために計画された software life cycle の活動 (software life cycle data の作成を含む) が完了し、それらの完了を示す記録が保持されていること。
- system requirements から作成された software life cycle data は、それらの requirements と trace 可能である。
- software life cycle data が、software plans 及び software development standards に従って作成され、また SCMP に従って管理されたというエビデンスが存在する。
- PRs が評価され、それらのステータスは記録されているというエビデンスが存在する。
- software requirements の逸脱は記録され、承認されている。
- EOC 及び PDI file (必要であれば) は、archive されている source code から再生成されることが可能である。
- 承認されたソフトウェアは、release されている load instructions を利用してロードすることが可能である。
- 以前の conformity review において処置を延期された PRs は、再評価され、それらのステータスが決定されている。
- PDS が認証に利用される場合、現在のソフトウェア製品の baseline が、以前の baseline と trace 可能であり、baseline への変更は承認されている。

なお、認証後に software への変更があった場合、software conformity review の一部が再実施されるかもしれない。

12.3.2 SOI #4 (Final Certification Software Review)

SOI #4 は、final certification software review である。本 review は、一般的に、最終的なソフトウェアの build が完了し、software verification が完了し、software conformity review が実施された後に実施される。

SOI#4 の review 対象は、全ての software life cycle data であるが、特に SCI、SAS、SECI、SVRs、SCM records、SQA records (software conformity review の結果を含む) である。

推奨事項	SOI #4 への準備

一般的に、SOI#4 への準備として、以下を実施する。

- 以前の SOI で発見された問題に対処し、認証機関との議論の準備をしておく。
- 以下を完成させ、review し、review により発見された問題に対処する。
  - SCI
  - SECI
  - software verification reports (作成する場合)
  - SAS
- software conformity review が完了し、review により発見された問題に対処する。また、software conformity review の結果を利用できるようにしておく(提出できる形にしておく)。
- job aid の SOI#4 部分の question に対する応答を準備する。

12.4 Final Certification Phase における Certification Liaison

表 2-6 に、DO-178C Annex A Table A-10 の certification liaison process の objective を示す。本 phase では、objective 3 が適用される。

objective 3 は、認証の最終段階において、SAS 及び SCI を認証機関に提出し、承認されることで達成される。

12.4.1 SAS (Software Accomplishment Summary)

認証の初期段階 (software planning phase) にて、PSAC を認証機関に提出し、認証の申請者がどのように software life cycle process を計画しているかを示した。一方、認証の最終段階においては、SAS を認証機関に提出し、認証の申請者が実際にどのように software life cycle process 行ったのかを示す。

TIPS	PSAC は現在形・未来形で記述する。SAS は過去形で記述する。
SAS の記載内容の多くは PSAC と類似している。しかし、PSAC は現在形や未来形で記載されるのに対し、SAS は過去形で記載する。	

以下は、SAS に記載する内容である：

(1) software overview

ソフトウェアをインストールするシステムの概要について記載する。また、PSAC の記述との相違点について記述する。

(2) software overview

システムの機能のうち、ソフトウェアにより実現した機能について説明する。また、PSAC の記述との相違点について記述する。

(3) certification considerations

ソフトウェア認証に関わる事項をまとめる (準拠の方法、適用される software level 等)。また、PSAC の記述との相違点について記述する。

(4) software life cycle

実際に適用したソフトウェアライフサイクル、各 process の概略、実際にソフトウェア認証を実行した組織及びその責任について明確にする。また、PSAC の記述との相違点について記述する。

(5) software life cycle data

実際に作成した software life cycle data について記述する。また、作成した SCI 及び SECI への参照を記述する（configuration identifier 及び version によって）。

(6) additional considerations

認証機関から認証を得る際に問題を引き起こす可能性がある"認証における考慮事項"について記載する。また、PSAC の記述との相違点について記述する。なお、認証機関から発行された issue papers や special conditions がある場合、それらへの参照を記述する。

(7) supplier oversight

アウトソーシング、オフショアリング、下請け等によりサプライヤに業務を委託する場合、どのようにサプライヤの process と成果物が、software plans と standards に従ったかを記述する。

(8) software identification

部品番号と version により、ソフトウェアを識別する。

(9) software characteristics

EOC のサイズ、タイミングのマージン（最悪実行時間分析の結果を含む）、メモリマージン、リソース制限及びそれらを計測するため利用した手法を記述する。

(10) change history (if applicable)

以前の認証からのソフトウェアの変更について述べる。

(11) software status

認証時に解決されなかった PRs の要約を述べる。

(12) compliance statement

DO-178C への準拠の宣言を記述する。

DERの意見	SAS 及び SCI の作成について
SAS 及び SCI は、例えば、ソフトウェアの release 毎に作成するとよい（つまり、final certification phase 以前から作り始めた方がよい）。	

Appendix 略語集

略語	意味
AC	Advisory Circular
ARINC	Aeronautical Radio, Incorporated
ARP	Aerospace Recommended Practice
CAST	Certification Authorities Software Team
CC	Control Category
CCB	Change Control Board
CFR	Code of Federal Regulations
COTS	Commercial Off-The-Shelf
CR	Change Request
CRC	Cyclic Redundancy Check
CSA	Configuration Status Accounting
DAL	Development Assurance Level
DER	Designated Engineering Representative
EASA	European Aviation Safety Agency
EOC	Executable Object Code
FAA	Federal Aviation Administration
FAQ	Frequently Asked Questions
FHA	Functional Hazard Assessment
FLS	Field-Loadable Software
HLR	High-Level Requirement
HLSA	High-Level Software Architecture
HW	Hardware
ID	Identifier
LLR	Low-Level Requirement
LLSA	Low-Level Software Architecture
MC/DC	Modified Condition/Decision Coverage
MISRA	Motor Industry Software Reliability Association
NVM	Non-Volatile Memory
PDI	Parameter Data Item
PDS	Previously Developed Software
PSH	Product Service History
PR	Problem Report
PSAC	Plan for Software Aspects of Certification

RAM	Random Access Memory
RTCA	Radio Technical Commission for Aeronautics
SAE	Society of Automotive Engineers
SAS	Software Accomplishment Summary
SCI	Software Configuration Index
SCM	Software Configuration Management
SCMP	Software Configuration Management Plan
SCStd	Software Code standard
SDP	Software Development Plan
SDStd	Software Design Standard
SECI	Software Life Cycle Environment Configuration Index
SOI	Stage of Involvement
SQA	Software Quality Assurance
SQAP	Software Quality Assurance Plan
SRD	Software Requirements Data
SRStd	Software Requirements Standards
SVCP	Software Verification Cases and Procedure
SVP	Software Verification Plan
SVR	Software Verification Result
SW	Software
TBD	To Be Determined
TQL	Tool Qualification Level
TQP	Tool Qualification Plan
TRR	Test Reediness Review
UML	Unified Modeling Language
UMS	User-Modifiable Software
WOW	Weight On Wheel
XML	Extensible Markup Language

あとがき

日本国内の民間航空機事業を推進する上で DO-178C の技術習得が課題であると 2010 年に認識して以来、様々な機会を通してその技術習得に励んでまいりました。最初は何もわからず模索する時期もありましたが、同じ志を持つ多くの方々と知り合い、互いに研鑽を図り、ようやく DO-178C を解説する本書を出版するだけの技術を習得することができました。

欧米では当たり前のように民間航空機搭載のソフトウェアが開発されています。それは日本とは比べ物にならないくらいの事業規模を誇っており、必要となる技術を確立させる機会が圧倒的に日本より多くあることが理由の一つにあります。

この欧米の圧倒的なパワーに対抗するためにはどうしたらいいのでしょうか。それは日本国内の個々の装備品メーカ単体では解決できない問題かと思います。すなわちオールジャパンでこの課題に臨む必要があるということです。その意味で今回、中部経済産業局様、一般社団法人　中部航空宇宙産業技術センター様が企業の枠を超えて日本国内の装備品メーカの若手エンジニアを集めて DO-178C 研究会を開催されたことは大きな一歩だと思います。

しかしながら、今回得た技術は基礎技術であり、さらに今後、実際のソフトウェア開発を数多く経験することにより日本国内に揺るぎないシステムを確立させていく必要があることも事実です。その際には今回 DO-178C 研究会に参加した若手エンジニアが先頭に立ち、更なる技術研鑽を図り、日本の民間航空機産業を推進していただくことを望んでおります。

最後に、本書を執筆するに当たって以下の規格、書籍を参考とさせていただきましたのでご紹介致します。

<RTCA Documents>

- RTCA/DO-178C (Software Considerations in Airborne Systems and Equipment Certification)
- RTCA/DO-248C (Supporting Information for DO-178C and DO-278A)
- RTCA/DO-330 (Software Tool Qualification Considerations)

<FAA Documents>

- Order 8110.49 (Software Approval Guidelines)
- Job Aid (Conducting Software Reviews Prior to Certification)

・ CAST Position Papers
  - CAST 6 (Rationale for Accepting Masking MC/DC in Certification Projects)
  - CAST 10 (What is "Decision" in Application of Modified Condition/Decision Coverage (MC/DC) and Decision Coverage (DC)?)
  - CAST 12 (Guidelines for Approving Source Code to Object Code Traceability)
  - CAST 19 (Clarification of Structural Coverage Analyses of Data Coupling and Control Coupling)

<NASA Document>

・ A Practical Tutorial on Modified Condition/Decision Coverage

<書籍>

・ Developing Safety-Critical Software: A Practical Guide for Aviation Software and DO-178C Compliance - Leanna Rierson

なお、本書は中部経済産業局様の「平成 27 年度新分野進出支援事業（アジア No.1 航空機産業クラスター形成支援事業)」における「平成 27 年度　民間航空機における装備品・アビオニクスの設計技術認証事業」の成果を活用しております。

謝辞

本書は私たちのこの数年間の活動の集大成としてその技術をまとめたものです。この数年の間には多くの方々にこの活動を支えていただきました。その方々に対してこの場をお借りして感謝の意をお伝え致します。

三菱航空機株式会社
主幹　吉田裕一様

DO-178C 研究会を開催するに当たりご尽力いただくとともに本書を出版する機会を与えていただきました。

KYB 株式会社様
株式会社小糸製作所様
ナブテスコ株式会社様
株式会社島津製作所様
シンフォニアテクノロジー株式会社様
住友精密工業株式会社様
多摩川精機株式会社様
東京航空計器株式会社様
横河電機株式会社様

数多くの若手エンジニアの方々に DO-178C 研究会に参加していただき有意義な議論を繰り広げ DO-178C 関連技術の研鑽を図ることができました。

Charles J. Soderstrom, LLC
FAA DER　Charles J. Soderstrom 様

DO-178C 研究会では DER として参加していただき数多くのアドバイスをいただきました。

名古屋大学大学院情報科学研究科附属 組込みシステム研究センター
教授　高田広章様
准教授　本田晋也様
助教　松原豊様

多摩川精機株式会社

常務取締役　　熊谷秀夫様

主任技師　　桐生勝史様

共同研究者として私たちに研究の場を与えていただきました。また、共同研究を通して数多くのアドバイスをいただきました。

LDRA Limited

FAA SME　　Steve Morton 様

Director　　Bill StClair 様

Director　　Shan Bhattacharya 様

初期の段階で DO-178C に関する数多くの質問に受け答えいただき、DO-178C を支えるツールベンダーの立場からも数多くの助言をいただきました。また DER として私たちの活動を指導していただきました。

以上、数多くの方々のご支援を得て本書を出版することができました。誠にありがとうございました。

執筆メンバー

MHIエアロスペースシステムズ株式会社
中川西　拓
藤村　亮典
三ツ井　弓恵
松山　誠児
各務　博之

問い合わせ先

MHIエアロスペースシステムズ株式会社　プロセス開発管理室
〒455-8515
愛知県名古屋市港区大江町10番地
TEL：(052)614-2488
FAX：(052)613-0356
E-mail：certification@masc.mhi.co.jp
URL：http://www.masc.co.jp

DO-178C 実践ガイドブック　～国産の民間航空機搭載用ソフトウェア開発への道～

2016年4月27日　初版発行
2024年11月14日　第8刷発行

著　MHIエアロスペースシステムズ株式会社

発行所　株式会社　三恵社
〒462-0056 愛知県名古屋市北区中丸町2-24-1
TEL 052 (915) 5211
FAX 052 (915) 5019
URL http://www.sankeisha.com

乱丁・落丁の場合はお取替えいたします。
ISBN978-4-86487-500-4